河北省保定市
耕地质量评价与改良利用

◎ 仝少杰　王　红　张瑞芳　主编

中国农业科学技术出版社

图书在版编目(CIP)数据

河北省保定市耕地质量评价与改良利用／仝少杰，王红，张瑞芳主编. --
北京：中国农业科学技术出版社，2022.9
ISBN 978-7-5116-5785-5

Ⅰ.①河… Ⅱ.①仝… ②王… ③张… Ⅲ.①耕地资源-资源评价-保定
②耕地资源-资源利用-保定 Ⅳ.①F323.211②F327.223

中国版本图书馆 CIP 数据核字(2022)第 099476 号

责任编辑	徐定娜
责任校对	李向荣
责任印制	姜义伟　王思文

出 版 者	中国农业科学技术出版社
	北京市中关村南大街 12 号　　邮编：100081
电　　话	(010) 82105169 (编辑室)　　　(010) 82109702 (发行部)
	(010) 82109709 (读者服务部)
网　　址	https://castp.caas.cn
经 销 者	各地新华书店
印 刷 者	北京建宏印刷有限公司
开　　本	185 mm×260 mm　1/16
印　　张	13.5
字　　数	312 千字
版　　次	2022 年 9 月第 1 版　　2022 年 9 月第 1 次印刷
定　　价	48.00 元

《河北省保定市耕地质量评价与改良利用》
编 委 会

主　　任：仝少杰
副 主 任：马记良　周大迈

《河北省保定市耕地质量评价与改良利用》
编写人员

主　编：仝少杰　王　红　张瑞芳

副主编：赵　斌　周彦忠

参编人员：张海燕　刘海鹏　董春英　刘　革　田志勇　王胜爱

　　　　　齐建军　时　星　杜艳芹　赵春雷　林志慧　马志英

　　　　　张秀莲　王会贤　侯兴军　郝艳茹　甄丽娜　陈爱好

　　　　　陈福强　张　惠　白　强　常立鹏　李树强　王书聪

　　　　　李建军　张爱军　张　弛　王鑫鑫　周宏宇　朱子龙

　　　　　郑　涛　王　蕾　杨庆鹏　夏新月　吴芷均　弓运泽

　　　　　何雅祺　刘辰琛　刘一凡　蒲子天　张彦东　曹　瑾

前　言

　　土地是最基本的农业生产资料，耕地资源的数量和质量对农业生产的发展、人类生活水平的提高、整个国民经济的发展都有巨大的影响。目前，我国正面临着资源短缺、生态环境破坏和工业化快速发展的严峻挑战，这对我国农业发展提出更高的要求。为保障粮食安全，实现农业和农村经济的可持续发展，必须摸清耕地资源底数，掌握耕地质量状况，因地制宜地搞好资源保护和综合利用。

　　保定市耕地质量评价与改良利用是在"测土配方施肥补贴"系列项目基础上进行的工作。项目实施以来，相关人员在河北省、保定市农业行政主管部门的领导下，以河北省土壤肥料总站、保定市土壤肥料工作站及河北农业大学专家教授为技术依托，完成了田间试验和样品采集、测试等工作，制定了保定市耕地质量评价的指标体系，建立了保定市耕地资源信息管理系统，编写了《保定市耕地养分分析报告》，编绘了保定市耕地质量分等定级图、保定市耕地土壤养分图集等。

　　按照河北省农业厅印发的《2017 年耕地质量监测与保护提升项目实施方案》要求，加强耕地监测网络建设，以县（市、区）为单位，包括安国市、安新县、博野县、高碑店市、高阳县、涞水县、满城区、清苑区、容城县、顺平县、唐县、望都县、雄县、徐水区、易县、涿州市、阜平县、涞源县、蠡县、曲阳县、定兴县、定州市 22 个县（市、区），共采集耕地质量监测点880 个，并针对土壤中的大量元素、微量元素等的含量进行化验分析。

　　通过该项工作，摸清了保定市土壤耕层养分状况和耕地质量等级情况，提出了不同区域、不同作物、不同肥力条件下土地治理开发利用对策和建议，为今后实施因土种植、因土施肥、因土管理提供了依据，对提高保定市农业生产、提升农产品质量和数量、保护农田生态环境具有重要作用。

在项目实施过程中，河北农业大学、河北省土壤肥料总站、保定市土壤肥料工作站及专家顾问组，都给予了大力的帮助和指导，在此一并表示衷心感谢！

由于业务水平有限、数据庞大等原因，编写过程中难免存在不足和不妥之处，望广大读者批评指正、提出宝贵意见。

《河北省保定市耕地质量评价与改良利用》编委会

2020 年 5 月

目　　录

第一章 自然资源与农业生产概况

第一节 自然资源概况

一、行政区划与地理位置

保定市为河北省辖地级市，位于华北平原北部、冀中平原西部、河北省中部、太行山东麓。保定市北邻北京和张家口，东接廊坊市和沧州市，南与石家庄市和衡水市相连，西部与山西省接壤，与北京、天津构成黄金三角，互成掎角之势，有"京畿重地"之称。介于北纬 $38°15'\sim39°57'$，东经 $113°45'\sim116°21'$，属暖温带大陆性气候。全市总面积 22 135 km^2，下辖 4 市（涿州市、高碑店市、安国市、定州市为省直管试点）、5个区（竞秀区、莲池区、清苑区、满城区、徐水区）、15 个县（涞水县、阜平县、定兴县、唐县、高阳县、容城县、涞源县、望都县、安新县、易县、曲阳县、蠡县、顺平县、博野县、雄县），设有 1 个国家级高新区（雄安新区），常住人口 1 059 万，乡村人口 789.7 万人（含雄安新区），农村居民可支配收入 15 618 元（2019 年末）。

保定市地理位置优越，交通发达，连接京港澳高速、京昆高速、荣乌高速和大广高速，中心北距北京 140 km，东距天津 145 km，西南距石家庄 125 km，直接可达首都机场、石家庄正定国际机场及天津、秦皇岛、黄骅等海港。

二、自然气候与水文地质

（一）气候条件

保定市处于欧亚大陆的东岸，属暖温带半干旱季风气候区。一年中海陆热量的差异引起气流的变化，影响保定市的四季气候。冬季处在强大的蒙古高压控制下，盛行西北风或东北风，带来寒冷而干燥的空气；夏季受大陆低压和太平洋高压的影响，副热带高压北上，空气由高压流向低压，盛行来自海洋的东南风或西南风，由海洋不断地向大陆输送温暖潮湿的空气，带来大量频繁的降水。春秋两季是这 2 种气流交替时期，所以保定市气候四季变化分明，具有暖温带半干旱大陆性季风气候特点，冬季寒冷干燥，夏季炎热多雨、寒旱同期，雨热同季。

保定市多年平均气温13.4 ℃，1月平均气温-4.3 ℃，7月平均气温26.4 ℃。年平均日照时数2 200~2 700 h，占可照时数的56%。多年平均降水量498.9 mm，多年平均水面蒸发量1 670~2 250 mm，年平均降水日数为68 d；降水集中在每年6—8月，7月最多。降水量分布趋势是：由山区向平原递减，多雨中心位置在太行山东侧的易县紫荆关至阜平县一带。多年平均风速1.8 m/s。年平均蒸发量为1 430.5 mm。全年≥10℃的有效积温4 000~4 400℃，平均无霜期131~213 d。

极端最高气温一般出现在7月，有的年份出现在6月。平原年平均气温11.91℃，山区年平均气温11.67 ℃，低洼区年平均气温12.0 ℃，平原略高于山区，而低洼区又略高于平原区。保定市区1955年7月曾出现过43.3 ℃的高温，为保定高温之最。近30年来极端最高气温为40~42 ℃。西部山区极端最高气温均在40 ℃以下，涞源县、易县的紫荆关极端最高气温均为37.8 ℃。主要气象灾害有干旱、高温、雷暴、冰雹、大风、寒潮、大雾。

（二）水文地质

1. 地上水

保定市位于海河流域大清河水系的中上游。大清河上游分为大清河北支和大清河南支。由于保定市西部是高耸的太行山区，中部为山麓平原区，东部为低洼平原区，西北高，东南低，造成各河流大体上从西向东横贯全市。北支水系上游为拒马河，自张坊出山口以下分为南、北拒马河。北拒马河在涿州市境内有胡良河、琉璃河、小清河汇入后称白沟河；南拒马河在定兴县北河店有北易水、中易水汇入；白沟河、南拒马河在白沟新城汇流，以下称大清河。北支洪水经新盖房枢纽分别由白沟引河入白洋淀和新盖房分洪道入东淀。南支水系有潴龙河、唐河、府河、漕河、瀑河、萍河、白沟引河、孝义河等河呈扇形分布，下口汇集于白洋淀，因此安新县的白洋淀素有"九河下梢"之称。潴龙河上游叫沙河、在军诜村与磁河相汇合称为潴龙河，东经安国市、安平县、博野县、蠡县、高阳县入马棚淀。大清河水系流域面积4.3万km²，白洋淀以上流域面积3.1万km²。境内水系的最大特点是呈扇形分布，自成水系。

保定市主要行洪河道有5条，即永定河、白沟河、南拒马河、新盖房分洪道和潴龙河，河道总长202 km，堤防总长372 km；一般行洪河道9条，河道总长236 km，堤防总长393 km。白洋淀周边堤防长153 km。还有众多支流行洪排水河道分布于山区、平原。东部有3个分洪滞洪区，即小清河分洪区、兰沟洼蓄滞洪区和白洋淀蓄滞洪区，总面积1 366 km²，区内人口84万人，耕地6.8万hm²，设计滞蓄水量26.5亿m³。

保定市多年平均地表水资源量16.20亿m³，多年平均地下水资源量22.23亿m³，多年平均水资源总量 29.78 亿 m³，多年平均入境水量 6.32 亿 m³。

保定市各河支流繁多，其特点是：河多流急，且短，雨过河干，多为季节性河。河流从出山口入丘陵山麓平原区，河槽变得很宽，形成大大小小的河漫滩，在行洪期间，各河水携带大量泥沙顺河槽下移，下游河床抬高，造成河流改道。土壤质地的变化服从河流沉积规律，"紧出河，慢出淤，不紧不慢出两合"，在主流线及古河道的上部，土壤质地一般是砂质土，距河道稍远的地方一般是沙壤土，土壤质地的水平方向变化规律很明显。这与河流泛滥程度以及土壤形成过程（历史长短）有关。

2. 地下水

地下水资源在丰水年基本可满足生产、生活需要，贫水年则影响生产和生活。水质一般较好，适于农田灌溉、工业、生活用水。矿化度大多在 1 g/L 以下。从安国市、博野县向北逐渐增到 1~3 g/L，雄县的个别地方达到 5 g/L。地下水埋深一般为 3~5 m，最浅的为 1 m，深者在 250 m 以上。地下水的化学类型一般是钙镁型，低洼盐碱地区的化学类型是硫酸盐、氯化物、钙镁型。雄安新区、高阳县、望都县东南部，清苑区东北部还有一定面积的咸水或微咸水层。山前平原古河道多，地下水埋藏浅，水质良好。

"掠夺式"的用水造成地下水位下降，地下水越来越少，泉水断流，保定西边的一亩泉已干涸，涸井增多，并出现漏斗区（如高阳县、清苑区），致部分盐化潮土向脱盐化潮土演变。

3. 地质

保定市于远在 25 亿年前的太古代是一片汪洋大海，到元古代初期，西部逐渐隆起露出水面。"阜平县""五台""吕梁"等一系列造山运动使太古代沉积物岩化并发生褶皱、断裂和变质。元古代末期除阜平县外，大部分地区下沉，后又逐渐上升，先后露出海面。因此，除局部沉积有古生代（奥陶纪、石炭纪、二叠纪）地层外，大部地区处于风化剥蚀条件下。中生代局部成为内陆盆地，植物繁茂，是煤系地层的主要生成时期。同时由于受燕山运动影响，岩浆频繁侵入或喷出，使中生代以前的大部分地层褶皱变质，并形成一些有价值的矿藏。新生代第三纪开始，由于受喜马拉雅造山运动的影响，保定地区东部缓慢下沉并接受西部山区剥蚀下来的大量碎石、泥沙，在流水挟带下逐渐堆积，形成东部冲积平原。

三、地形地貌

保定地势自西北向东南倾斜，由于地质内外营力的作用，地貌差异非常明显，山地、丘陵、山麓平原、交接洼地、冲积平原、洼淀自西向东依次排列，界限清晰。

（一）西部山地

山地主要分布在西部太行山隆起带、由一系列褶皱构造组成，其大部分形成于燕山运动。山地中属于海拔 2 000 m 以上的中高山，有涞源县北部的白石山、利华尖山和阜平县西部的歪头山、白草坨、南坨等；属于海拔 1 000~2 000 m 的中山地貌，分布于涞源县、阜平县、涞水县等县境内；海拔 500~1 000 m 的低山，山体较低缓，河谷宽阔，是保定市山地的主要部分，涞水县、易县、满城区、唐县、顺平县、曲阳县的山地，主要属于此类低山地貌。

山体岩石类型，有花岗岩类、石灰岩类、页岩类、石英岩类、属基性岩类的玄武岩等。地形的起伏，引起水、土、光、热的重新分配、导致自然特征和农业生产的差异，土壤的性状和分布也受地貌条件的影响，这是形成保定市山地土壤垂直分布规律的主要因素。

（二）中西部丘陵

丘陵地在海拔 500 m 以下，相对高度在 300 m 以内，是低山向平原过渡的地段，曲阳县、满城区、易县、顺平县、唐县、涞水县的部分区域主要属于这个地貌类型。由于构造断裂和凹陷，形成大大小小的低山围绕的盆地，较大的盆地有涞源县盆地，东团堡盆地、南城子盆地，其中以涞源县盆地最大。盆地中心均有河道穿过。盆地内被河流洪积、冲积物和黄土状物质覆盖；黄土状物质堆积于盆地四周，并受水流的冲刷，有明显的冲沟发育，形成破碎的残丘台地。谷地河流区和低山区、中山区、盆地呈复区存在。盆地的边缘为黄土阶地，在低山地区河谷变宽，坡麓及低地被黄土覆盖。河谷阶地发育明显，至少形成二、三级阶地。

（三）中东部平原与洼地

平原与洼地占保定市总面积的将近一半，是华北平原的一部分。其形成主要是由于华北大陆沉降，后又逐渐被大清河水系冲积物所填充而形成的山麓平原。山麓平原上尚有各种类型洼地：一是冲积扇间洼地，它分布在冲积扇中下部，由于冲积洪积物流出谷口后，左右摆动形成一系列缓岗间的洼地，在徐水区、安国市、容城县均有此种洼地，呈狭条状分布，这些洼地过去有季节性积水，常发育成沼泽性土壤，现处于五尧乡的河北农大试验农场就是此种洼地脱沼泽演化而成，土壤剖面有代表沼泽化历史的黑色泥炭层；二是交接洼地，它是冲积扇以下与冲积扇平原间出现的洼地。由望都县的曹庄、柳陀洼地到安新县的白洋淀周围都有连续存在。这种洼地边缘主要是河流沉积物、在洼地中心即为湖泊的静水黏质沉积物，加之积水和地下水位高，多发育成沼泽性土。保定市的沼泽土和草甸沼泽土主要分布在安新县的白洋淀周边,曲阳县、涞水县、阜平县也有小面积的分布,若排水条件改善或因干旱,地下水大幅度下降,则又生成脱沼泽类型的土壤;三是河间洼地,系冲积扇上部河谷出路堵塞或因河流改道,形成积水洼地,如定兴县的肖村洼、阁台洼即属此种洼地。

冲积平原地形的演变,符合河流沉积的规律,冲积平原的多数河流为地上河,含沙量大,河床两侧沉积物堆积很多,形成高起的缓岗。缓岗之间为相对低平的洼地。缓岗与洼地之间则是过渡类型的微斜平地。

冲积平原比较平坦,土体内外排水均不良,地下水位又高,可直接参与成土过程,故冲积平原多发育地区性土壤——潮土。地貌的变化,又直接影响土壤的形成发育与分布,在冲积平原高起部分的缓岗,由于上层土壤脱离了地下水的影响,故在缓岗部位多发育褐土化土。在洼地边缘由于母质较粗,地下水矿化度高,引起土壤的盐碱化,形成盐化土壤。

四、植被资源概况

植被是土壤形成的主导因素。不同植被下,发育形成着不同土壤类型。植被种类较多。植被类型影响土壤发育的方向与分布。山区植被的垂直分布规律也体现了土壤的垂直分布规律。但无论是植被还是土壤的变化,都有一定的过渡地带和范围。山地为落叶林、乔木,主要有桦、杨、落叶松、油松、侧柏、栎类等。山麓和山沟有枣、柿、花椒、杏、核桃等经济林木。灌木主要有胡枝子、虎榛子、酸枣、荆条等。丘陵和平原主要有用材林和经济林。白洋淀附近主要生长水生沼泽植物。

保定市既有中山、低山、丘陵,又有平原和洼地,不同的地形部位,分布着不同的植被。在海拔 2 000 m 以上的山顶平台上,分布着山地草甸土,土壤常年处于低温潮湿状态下,一年中有 5 个月的结冰期。植被茂密,覆盖度达到 70% 以上,多为天然牧场,主要植被是苔草属。在海拔 1 200 m 以上,分布着棕壤,个别雨量较多地带,海拔在 700~1 000 m,如易县的紫荆关、良岗和唐县西北部的大茂山一带也有棕壤分布,其植被以人工针叶林和针叶阔叶混交林,以及一部分天然次生阔叶林和喜湿喜酸灌丛为主。如栋树、椴树、油松、白桦、六道木、山杨、二色胡枝子、虎榛子、杜鹃等。林下散生草被,主要有莎草及卷柏苔醉等。

在山麓平原及低山丘陵,海拔高度自 20~1 000 m,都有地带性褐土的分布,褐土绝大部分已被开垦为农田。天然植被多为旱生阔叶林及灌木和草本植物,主要有酸枣、荆条、委陵菜、铁杆蒿、阿尔泰紫菀、鹅观草等。在京广线以东的冲积平原上,天然植被很少,除农作物外,有杨树、柳树;主要天然植物有车前子、画眉草、稗草、小旋花等。在洼地和白洋淀周边主要生长着湿生植物,有三棱草、稗子、芦苇、蒲草等。

五、矿产资源概况

境内矿产资源主要分布在山区9县，已发现矿产77种，已探明储量59种，开发利用33种，主要矿种有煤、铁、金、铜、铅、锌、钼、花岗岩、大理石、石灰石、陶瓷原料等金属及非金属矿产。其中煤矿5个矿区，保有资源储量1.56亿t；铁矿20个矿区，保有资源储量2.25亿t；钛矿3个矿区，保有资源储量69.45万t；铜矿7个矿区，保有资源储量（金属量）86.94万t；铅矿5个矿区，保有资源储量（金属量）11.58万t；锌矿12个矿区，保有资源储量（金属量）94.74万t；钼矿6个矿区，保有资源储量（金属量）36.14万t；金矿13个矿区，保有资源储量（金属量）6.32万t；银矿12个矿区，保有资源储量（金属量）996.11t；熔剂用灰岩1个矿区，保有资源储量550万t；冶金用白云岩2个矿区，保有资源储量1.001亿t；石棉1个矿区，保有资源储量208t；云母3个矿区，保有资源储量32.09万t；水泥用灰岩9个矿区，保有资源储量4.05亿t。

六、各县市耕地资源概况

2015年经国务院批准，将保定市新市区更名为竞秀区；撤销北市区和南市区，设立保定市莲池区；撤销保定市满城县、清苑县、徐水县，分设满城区、清苑区、徐水区。至此保定市辖5区、15县、3县级市、315个乡镇。全市总人口、辖区面积没有变化。其中保定市辖区由3个变成5个，市区面积由原来的312 km² 增加到2 531 km²，扩大了2 219 km²；市区人口由原来的119.4万人增加到280.6万人。2017年设立了国家级新区——雄安新区，包括雄县、容城县、安新县3县及周边部分区域，起步区面积约100 km²，中期发展区面积约200 km²，远期控制区面积约2 000 km²。保定市各区县耕地及人口资源详见表1-1（2017年）。（为保证区域完整，评价将河北省直管定州市列入统计范围）

表1-1 保定市各县市基本概况

名称	行政区面积（km²）	乡镇个数（个）	耕地面积（hm²）	总人口（万人）	农业人口（万人）
竞秀区	75	5	5 494	49	
莲池区	173	7	6 020	69	
满城区	630	12	24 688	40	33.3
清苑区	867	18	59 258	68	58.4
徐水区	723	14	44 027	60	52.9
涞水县	1 658	15	23 249	35	30.8

（续表）

名称	行政区面积 （km²）	乡镇个数 （个）	耕地面积 （hm²）	总人口 （万人）	农业人口 （万人）
阜平县	2 495	13	15 802	22	18.7
定兴县	714	16	47 603	59	52.6
唐县	1 417	20	32 788	59	51.6
高阳县	497	8	32 053	34	28.7
容城县	314	8	20 404	27	21.9
涞源县	2 427	17	26 522	28	23.2
望都县	370	8	25 895	27	22.8
安新县	724	12	32 393	45	40.4
易县	2 534	26	42 562	57	50.9
曲阳县	1 084	18	38 007	62	52.7
蠡县	652	13	46 198	53	46.1
顺平县	708	10	19 764	32	27.8
博野县	331	7	22 965	27	26.6
雄县	524	9	32 269	38	31.5
涿州市	742.5	11	43 507	65	42.4
安国市	486	9	33 362	41	35.1
高碑店市	618	9	40 794	62	41.3
定州市	1 283	25	86 150	110	88.8

七、自然灾害

保定市自然灾害主要类型有气象灾害和地质灾害。气象灾害如洪涝、干旱、热干风、冰雹、暴雨暴雪、沙尘暴、大雾、霜冻、寒潮、雷电等；地质灾害如山体崩塌、滑坡、泥石流等；生物灾害如森林草原火灾、病虫灾害等。为减轻自然灾害产生的危害程度，推动农业可持续发展，应注意建立健全自然灾害应急机制，2007 年保定市人民政府印发了《保定市自然灾害救助应急预案》；加强农业基础设施建设；提高抗旱抗涝能力。

近年来，保定市雷雨天气较为频繁，雷雨时局地伴有短时强降水、短时大风的强对流天气给人民生产生活带来不同程度的影响。保定市 2012 年的特大洪涝灾害降雨强度、汇水急、水流速度快，肆虐的洪水冲毁了大量的基础设施和公共服务设施，其中，受灾最严重的涞水县、易县、涞源县三县，群众生活受到极大影响，工农业生产损失惨重，旅游景区遭受重创，严重影响经济和社会事业发展。

第二节 农业生产概况

一、农业发展历史

保定市农业经济发展大体可分为 4 个阶段：第一阶段 20 世纪 50—70 年代，贯彻"以粮为纲，全面发展"的方针，解决吃饱问题；第二阶段 20 世纪 80 年代，贯彻"绝不放松粮食生产，积极发展多种经营"的方针；第三阶段 20 世纪 90 年代，贯彻"两高一优"的农业方针，优化种植结构；第四阶段 20 世纪 90 年代末，农民增收减慢，农业和农村经济发展进入战略性结构调整阶段。这 4 个阶段大体经历了从自然经济到市场经济的不同形态，农业机构不断调整优化，农民收入和生活得到显著增长和提高。

保定市作为农业大市具有悠久的农业生产历史。种植业又是农业的基础产业，种植业产值占农业总产值的 87.6% 左右，占农林牧渔总产值的 51% 左右（2011）。随着经济社会快速发展，农业占国民经济总量的比重会不断下降，但其基础地位不会改变，种植业对保障农产品有效供给、维护社会稳定等方面具有不可替代的重要作用。中华人民共和国成立以来的至上世纪末农业基本情况见表 1-2。

表 1-2 中华人民共和国成立以来的保定农业基本情况

年度	总人口（万人）	农业人口（万人）	农业人口平均耕地（亩）	耕地（万亩）	水浇地（万亩）	农作物播种面积（万亩）	粮食作物		经济作物	
							面积（万亩）	比重（%）	面积（万亩）	比重（%）
1949	511.00	482.00	3.0	1 439.1	246.8	1 694.98	1 456.77	85.9	238.21	14.1
1959	599.11	543.89	2.4	1 317.2	519.5	1 865.84	1 560.51	83.6	305.33	16.4
1969	692.71	648.56	1.9	1 252.1	694.1	1 704.06	1 507.17	88.4	196.89	11.6
1979	805.64	736.30	1.7	1 240.9	941.8	1 946.73	1 697.91	87.2	248.82	12.8
1989	934.55	830.00	1.5	1 224.6	952.2	1 848.87	1 527.24	82.6	321.63	17.4
1999	1 050.00	889.90	1.3	1 195.3	1 008.1	1 858.30	1 526.18	82.1	332.12	17.8

注：数据来自《保定市土壤志》和《保定市国民经济和社会发展统计公报》。

1 亩 ≈ 667 m^2，15 亩 = 1 hm^2，全书同

1980 年的粮食作物播种面积 1 651.57 万亩，粮食总产 2.05×10^9 kg，亩产 124 kg，其中夏粮播种面积 695.4 万亩，占 42.1%，夏粮总产量 5.8×10^8 kg，秋收粮播种面积 956.1 万亩，总产量 1.47×10^9 kg；2002 年粮食作物播种面积 1 334.38 万亩，粮食总产 4.21×10^9 kg，亩产 315.6 kg，其中夏粮播种面积 586.7 万亩，占 44%，夏粮总产量 2.09×10^9 kg，秋粮播种面积 747.64 万亩，总产量 2.12×10^9 kg（数据来自《保定市土

壤志》和《保定市国民经济和社会发展统计公报》)。

1980 年的粮食作物中，小麦播种面积 684.13 万亩，总产 57 266 万 kg；玉米 526.62 万亩，总产 88 448 万 kg。1980 年在经济作物中，棉花 98.48 万亩，亩产 20.5kg，总产约 2 万 kg；油料作物 59.63 万亩，亩产 87.8 kg，总产约 5.24 万 t；蔬菜 4 691 万亩，总产量 680 285 万 kg（数据来自《保定市土壤志》1983 年)。

随着农作物产量的提高，肥料的施用量逐年攀升。资料显示：20 世纪 80 年代初，保定市小麦产量水平在 1 600 kg/hm² 左右，玉米单产在 3 600 kg/hm² 左右，小麦每公顷投入纯氮 250 kg，五氧化二磷不足 120 kg；夏玉米每公顷投入纯氮 150 kg 左右（数据来自《保定市土壤志》1983 年)。

二、主要农作物种植面积与产量

保定市作为农业大市，农业在全市经济发展中占有十分重要的地位。在粮食生产方面，高标准良田项目、测土配方施肥补贴资金项目等国家级、省级项目的实施，全面提高了农业综合生产能力。伴随农业结构调整，品种布局，优化区域化，农业生产由数量增长型向质量效益型转变，农业综合生产能力不断加强，农产品市场竞争力不断提升，逐步走上农业生产可持续发展之路。

根据《保定市 2010 年国民经济和社会发展统计公报》，2010 年全市粮食播种总面积 1 378.18 万亩，粮食总产 585.13 万 t，粮食亩产 425 kg。其中小麦播种面积 587.06 万亩，总产 230.95 万 t；玉米播种面积 691.96 万亩，总产 322.14 万 t；棉花播种面积 43.01 万亩，平均亩产 70 kg，总产约 3 万 t；油料种植面积 114.85 万亩，总产 28.5 万 t，单产达到 248 kg/亩；蔬菜种植面积已达到 229.13 万亩，实现产量 846.31 万 t，产值 82.6 亿元；食用菌生产面积突破 3 万亩，总产量突破 20 万 t，实现产值 8 亿元。

根据《保定市 2016 年国民经济和社会发展统计公报》，2016 年粮食作物播种面积 1 215.1 万亩，粮食总产 503 万 t，其中夏粮播种面积 503.2 万亩，夏粮总产量 221 万 t，秋粮播种面积 645.9 万亩，秋粮总产量 282 万 t。其中小麦播种面积 503.2 万亩，产量 216.9 万 t，播种期在 10 月，收获期在 6 月；玉米播种面积 626.5 万亩，产量 259.2 万 t，播种期在 6 月，收获期在 9 月；谷子播种面积 15 万亩，产量 3.3 万 t；高粱播种面积 1.3 万亩，产量 2 360 t；豆类播种面积 17.7 万亩，产量 3.3 万 t；薯类播种面积 14.9 万亩，产量 95.2 万 t。

三、农业生产条件

根据保定市 2016 年统计数据，农村基础设施较以前有了很大改善：自来水受益村数 5 056 个；通公共交通村数的 4 788 个，通有线电视村数 3 243 个，通宽带村数

5 492 个，农村用电量 489 646 万 kW·h。

（一）农机水平

农业机械是指在作物种植业和畜牧业生产过程中，以及农、畜产品初加工和处理过程中所使用的各种机械。农业机械包括农用动力机械、农田建设机械、土壤耕作机械、种植和施肥机械、植物保护机械、农田排灌机械、作物收获机械、农产品加工机械、畜牧业机械和农业运输机械等。

2016 年，农用机械总动力合计 6.6×10^6 kW，柴油发动机动力 4.9×10^6 kW，汽油发动机动力 2.3 万 kW，电力发动机 1.6×10^6 kW。拥有大中型拖拉机 3.3 万台，配套机具 5.96 万部；小型拖拉机 9.9 万台，配套机具 9.95 万部；农用排灌电动机 14 万台；联合收割机 2.1 万台；割晒机 101 台；机动脱粒机 1.5 万台；农用运输车 10.6 万台；节水灌溉机械 881 套；农用水泵 19.1 万台。机耕面积 58.1 万 hm^2，机播面积 77.5 万 hm^2，机收面积 72.4 万 hm^2。

（二）农田水利建设情况

农田水利建设是以农业增产为目的的水利工程措施建设，通过兴建和运用各种水利工程措施，调节、改善农田水分状况和地区水利条件，提高农业抵御自然灾害的能力，有利于农作物的生产。

截至 2016 年底，保定市拥有农村水电站 50 处，装机容量 9.1 万 kW，发电量 12 000 万 kW·h。有效灌溉面积 5.7×10^5 hm^2，旱涝保收面积 5.1×10^5 hm^2，农用机电井数 134 495 眼，排灌站数量 3 673 个，能够使用的灌溉用水塘和水库数量 473 个。灌溉耕地面积 5.2×10^5 hm^2，其中有喷灌、滴灌、渗灌设施的耕地面积 8.3×10^4 hm^2；灌溉用水主要水源中，使用地下水的户和农业生产单位占 92.29%，使用地表水的户和农业生产单位占 7.71%。

（三）农村劳动力资源

20 世纪 90 年代以来，保定市农业生产劳动力文化素质逐年提高，但从事农业生产劳动力数量有下降趋势。2016 年末，乡村劳动力资源 5 231 681 人，其中男性 2 825 418 人，女性 2 406 263 人；乡村从业人员 4 756 702 人，其中男劳动力 2 568 494 人，女劳动力 2 188 208 人；从事农林牧渔业人口 2 542 672 人，第二产业外出从业人员 304 495 人，第三产业外出从业人员 154 719 人；文盲、半文盲 36 097 人，小学文化程度 1 313 769 人，初中文化程度 2 294 766 人，高中文化程度 973 038 人，大专及以上文化程度 139 032 人。随着社会经济的发展加上人口老龄化日益严重，农村外出生产劳动力规模增大，有的将土地流转给合作社、种植园区等农业生产的大户，自己外出打工，大部分劳动力农闲时外出打工，农忙时回家耕种。

（四）农产品基地与龙头企业基本状况

2016 年. 农产品生产加工基地 130 个，其中种植业生产基地 81 个，养殖业基地 41 个，农产品加工基地 8 个。基地产值 4 361 002 万元，基地的销售产值 4 219 722 万元，种植业生产基地种植面积 241 865 hm^2，种植业产值 1 698 674 万元。

2010 年，根据《河北省农业产业化重点龙头企业认定和监测管理办法》，保定市拥有省级龙头企业 36 家。根据保定市农业产业化办公室组织的评审，市政府批准认定了 246 家农业产业化市级重点龙头企业。2016 年，省级重点龙头企业 60 家，保定市龙头企业 245 家，建有专门质检机构的龙头企业 173 家，其中销售收入 10 亿元以上 4 家、1 亿元以上 80 家。龙头企业从业人员 50 971 人，固定资产净值 894 824 万元。

（五）农用化肥和施覆膜情况

2016 年，农用化肥施用量按实物量计算 1 240 012 t，其中氮肥 623 658 t、磷肥 191 295 t、钾肥 68 592 t、复合肥 356 467 t；按折纯法计算，其中氮 184 639 t、磷 45 350 t、钾 31 791 t、复合肥 143 636 t。农用塑料薄膜使用量 11 022 t、地膜使用量 4 925 t、地膜覆盖面积 81 295 hm^2。农药使用量 13 133 t。农用柴油使用量 258 040 t。

四、耕地数量与变化

耕地是农业最基本的生产资料，它的存在是非人力所能创造的，土地本身的不可移动性、地域性、整体性、有限性是固有的，人类对它的依赖和永续利用程度的增加也是不可逆转的。中华人民共和国成立初期保定市耕地面积 9.59×10^5 hm^2，2007 年末耕地面积 6.67×10^5 hm^2，2016 年末耕地面积 7.2×10^5 hm^2。数据显示，耕地面积经历了先减少后增加的过程，这是由于党和国家对耕地保护十分重视，把耕地保护作为一项基本国策予以定位，要求采取世界上最严格的措施保护耕地，以此确保社会的和谐与稳定。

五、经济作物种植概况

根据《保定市 2016 年国民经济和社会发展统计公报》，2016 年的数据显示，经济作物的播种面积 2.39×10^5 hm^2，其中油料作物播种面积 5.68×10^4 hm^2，单产 3 815 kg，总产量 2.17 t；棉花播种面积 7 173 hm^2，单产 1 129 kg，总产量 8 101 t；烟叶播种面积 226 hm^2，单产 2 381 kg，总产量 538 t；中草药材播种面积 11 132 hm^2，单产 6 059 kg，总产量 67 454 t；蔬菜播种面积 1.28×10^5 hm^2，单产 60 076 kg，总产量

$7.73×10^6$ t；瓜果类种植面积 $2.22×10^4$ hm²，单产 52 676 kg，总产量 $1.17×10^6$ t；其他农作物播种面积 12 411 hm²。

2016 年末，果园面积 $1.33×10^5$ hm²，园林水果产量 $1.78×10^6$ t，食用坚果产量 $2.83×10^4$ t。

六、农村新能源概况

保定市积极推进各类可再生能源和农村新能源综合发展，"十二五"期间，全市新建户用沼气和联户集中供气 2 万户，大中小型沼气工程及秸秆联户供气工程 200 个，村级物业服务网点 300 个，推广秸秆压块炊事采暖炉具 1 万户，太阳能热水器 15 万 m²，太阳灶 1 000 台，省柴节煤炉灶 4.5 万台。到 2015 年，全市累计保有量达到：户用沼气和联户集中供气 45 万户，大中小型沼气工程 215 处，村级沼气物业服务网点 500 处，秸秆压块炊事采暖炉具 1 万户，太阳能热水器 51.2 万 m²，太阳灶 2 231 台，省柴节煤炉灶 70.3 万台。

第二章 土壤的立地条件与农田基础设施

第一节 土壤立地条件

一、土壤母质概况

母质是形成土壤的基础物质，它影响土壤形成发育的方向、速率、土壤质地、土层的厚薄、养分的多少和组分、黏土矿物类型和土壤的利用改良方向等。保定市成土母质种类繁多。在山区，有各种母岩风化而成的残坡积物；在平原，有不同颗粒组成的冲积物，以及风积物和湖积物（静水沉积物）。残坡积母质根据保定地区山区岩性可划分为：基性硅铝质残坡积物母质、酸性硅铝质残坡积物母质、泥硅铝质残坡积物母质、硅质残坡积物母质、钙质残坡积物母质。山麓平原多以黄土母质和洪冲积物母质为主。冲积平原以冲积物母质为主。风积物母质主要集中分布在潴龙河、唐河、大沙河沿岸。安新县的白洋淀则为湖相沉积母质。

从母质的机械组成来看，山区土壤母质和岩石风化程度、成土时间、土壤侵蚀状况关系极为密切。一般来讲，风化成土时间长，土壤侵蚀不太严重，土质比较细多为壤质。风化成土时间短，土壤侵蚀严重，土质粗多含砂砾和砾石。从母岩特性上来看，一般花岗片麻岩风化物多砂粒，母质粗，但水分条件较好。石灰岩风化物多为轻壤，侵蚀严重的地区多为砂壤。黄土母质多为轻壤—中壤，质地均一，土层深厚。

平原河流沉积物的分布与特性，随着所在地河流的分布与特性而变化。一般情况下，母质颗粒越细，其保水保肥能力越强。所以砂土贫瘠，壤土肥力水平较高，黏土养分含量虽高，但物理性差，因而影响肥力的发挥。

平原河流沉积物分布一般随着河流走向、摆动及古今河道分布而发生变化，其沉积物分选性明显。按距河由近而远，沉积物由粗到细，呈有规律的变化。在沿河两岸形成砂土带，在风力作用下，形成风砂土，目前有的已转为固定或半固定的风砂土。加之历史上河流泛滥改道频繁，土壤不断被新冲积物覆盖，因此，低平原土体质地构型复杂多变，有"一步三换土"之说，从而出现多种土体构型，一般有均质型、夹层型，底黏型、漏砂型等。不同土体构型，其土壤肥力水平与性状有很大的差别。

湖积物主要分布在安新县白洋淀内，土质较黏重，多为中壤—重壤质土、多发育成沼泽土或草甸沼泽土。

二、土壤分布规律

保定市从西往东，山地丘陵、山麓平原、交接洼地、冲积平原各种地形地貌依次排列，相应地分布着不同的土壤类型，区域分布规律明显。

（一）区域分布规律

1. 西部山地、丘陵地段

在山地中属于海拔 2 000 m 以上的中高山，有涞源县北部的犁华尖山和阜平县西部的歪头山、百草坨、南坨等，分布着山地草甸土，面积 1.003 万亩，占土壤总面积的0.036%。在海拔 1 200 m 以上的涞源县、阜平县、涞水县北部和西部山区，分布着棕壤，个别雨量较多地带，海拔在 700~1 000 m，易县的多雨中心紫荆关、良岗和唐县西北部的大茂山、范家寨梁一带也有棕壤的分布，面积 2 013.765 万亩，占土壤总面积的7.211%。在海拔 500~1 400 m 的低山，山体较低缓，河谷宽阔，是山地土壤的主要部分，如涞水县、易县、满城区、唐县、顺平县、曲阳县的山地，主要分布着褐土。低山阳坡，由于土壤侵蚀严重，多有粗骨土、石质土的分布。在山区谷河地带则分布着潮土、水稻土少部分的沼泽土。

山麓平原的中部，主要分布着潮褐土，一般以京广线以西为主，京广线以东也有部分分布，面积 436.409 万亩，占土壤总面积的 15.596%。

2. 山麓平原的下部与冲积平原过渡地段

山麓平原中下部，由各水系洪积扇和各类洼地组成。由于地形变化剧烈，保定市的洪积扇长度较短，高度由海拔 60 m 陡然降至 10 m 以下，在各水系冲积扇间以及指状缓岗向东部洼淀延伸，其主要土壤类型为非地带性土壤——潮土。在缓岗上一般分布着脱潮土，缓岗之间为相对低平的洼地，洼地周围有盐化潮土。盐化潮土主要分布在安新县、高阳县、容城县、望县、雄县一些比较低洼地。潮土面积 630.242 万亩，占土壤总面积的 22.495%，盐化潮土面积 99.549 万亩，占土壤总面积的 3.558%。

在扇缘的潮土、湿潮土区内，分布着一部分砂姜黑土，其特点是有黑土层，土体内砂姜密集或成层。容城县、徐水区、安新县、定兴县、高碑店市、博野县等均有分布，面积 10.640 万亩，占总土壤面积的 0.332%。

3. 洼淀地段

洼地边缘主要由河流沉积物覆盖，在洼地中心即以湖泊的静水黏质沉积物为主，加之积水和地下水位高，故分布着沼泽土。在地形稍高的地方，如有季节性的积水，则分布有草甸沼泽土。沼泽土和草甸沼泽土，主要分布在安新县白洋淀周边，曲阳县、涞水县、阜平县沿河的洼地也有小面积分布，面积 20.938 万亩，占土壤总面积的 0.748%。若排水条件改善或连年干旱，地下水大幅度下降，则又形成脱沼泽类型土壤。沼泽土和草甸沼泽土，主要生长芦苇，有的开垦为水稻田，经过多年的水耕水作，演变为水稻土。所以沼泽土同水稻土呈复区存在。

（二）垂直分布规律

由于山体海拔高程变化明显，在中纬度地区，每上升 100 m，气温一般下降 0.6℃左右，水分、植被等均明显地随高程不同而递变。土壤也呈明显的垂直分布规律。保定市山地土壤的垂直带谱从高到低依次分布为山地草甸土、棕壤、淋溶褐土、石灰性褐土、褐土性土、潮土、沼泽土。

三、土壤类型

由于保定市各地区所处地理位置、气候、地形、母岩以及地下水、植被等差异很大，从而成土过程复杂，土壤类型繁多。保定地区划分为 13 个土类、28 个亚类、118 个土属、301 个土种。

土类是土壤分类的高级单元。土类是根据成土条件、成土过程以及土壤属性的特点划分的，土类之间是质的差别。13 个土类包括：棕壤、栗钙土、山地草甸土、褐土、石质土、粗骨土、潮土、新积土、风砂土、沼泽土、砂姜黑土、水稻土、盐土。

亚类是在土类范围内的进一步划分，是土类范围或土类之间的过渡类型，根据主导土壤形成过程或主要形成过程以外的另一附加过程来划分。28 个亚类包括：棕壤、棕壤性土、褐土、淋溶褐土、石灰性褐土、潮褐土、褐土性土、淡栗钙土、石灰性新积土、流动风砂土、半固定风砂土、固定风砂土、硅铝质石质土、钙质石质土、硅铝质粗骨土、钙质粗骨土、沼泽土、草甸沼泽土、潮土、湿潮土、脱潮土、盐化潮土、山地草甸土、石灰性砂姜黑土、淹育型水稻土、潴育型水稻土、潜育型水稻土、碱化盐土。

在土壤形成和分类上，土属具有承上启下的特点，是在亚类范围内根据成土过程、区域性因素进行细分，不同土属常可反映土壤改良利用的不同途径，土属一级在土壤基层分类及成果应用中，具有重要意义。划分的原则和依据主要是根据成土母质类型，地区性水文特征和盐分组成类型以及某些特殊熟化类型来划分。根据母质属性划分为：残积坡积物、黄土物质、洪积冲积物、冲积物、风积物、湖泊沉积物；根据盐分组成划分为：苏打、硫酸盐、氯化物硫酸盐、硫酸盐氯化物、苏打硫酸盐；根据历史过程和附加过程划分：脱沼泽、脱盐化；根据人为活动影响划分：人工堆垫和灌淤。

土种是土壤分类的基本单元，是土属范围内的进一步细分。同一土种是指发育在同一母质类型上，具有类似的土体构型和发育程度的土壤类型。不同的发育程度、不同的表层质地、不同的土体构型、障碍层次、表层盐碱的轻重，划分为不同的土种[1]。山地土壤则主要按土层的厚薄、腐殖质的厚度、砾石含量来划分不同的土种。土种的特性具有相对的稳定性，同一土种具有相同的肥力水平与耕作利用措施。因此，土种是土壤调查的基本单元，对于认土、改土、用土有十分重要的意义。

四、土地资源概况

保定市 2016 年统计报告显示，保定地区总面积 2.09×10^6 hm²，耕地面积 7.16×10^5 hm²，占总面积的 34.3%；园地 4.3×10^4 hm²，占总面积的 2.1%；林地 2.5×10^5 hm²，占总面积的 11.96%；草地 3.2×10^5 hm²，占总面积的 15.3%；农业设施用地 4.8×10^3 hm²，占总面积的 0.2%；城市现状建设用地 41 833 hm²，占总面积的 2%；居住用地 16 034 hm²，占总面积的 0.7%；工业用地 7 473 hm²，占总面积的 0.3%。

第二节　农田基础设施

一、农田水利设施

保定市是一个资源性缺水问题突出、洪涝干旱等自然灾害频繁的农业大市。加强农田水利建设对提高农业抗灾能力和综合生产能力，促进农业和农村经济社会的可持续发展和新农村建设，具有十分重要的基础保障作用。2011 年中央一号文件从战略和全局高度出发，将农田水利建设提升到关系粮食安全的战略高度，更加突出了农田水利建设的紧迫性和重要性。

根据 2011 年保定市水利普查调查情况，其中水利工程方面，水库 94 座、水电站 49 座、水闸 945 个、泵站 228 个、引调水 1 处、堤防工程 424 条、农村供水工程 779 处；经济社会用水方面，居民生活用水户 2 546 个、灌区用水户 1 128 个、工业企业用水户 1 712 个、第三产业用水户 1 534 个、公共供水企业用水户 34 个、建筑业用水户 121 个、规模化畜禽养殖用水户 628 个；河湖开发治理方面，河湖取水口 347 个，地表水源地 3 个、湖泊 1 个、入河湖排污口 100 个，灌区 35 处；地下取水井方面，规模以上机电井 162 656 眼、规模以下机电井、人力井共 686 145 眼、规模以上地下水源地 13 处。

截至 2016 年，保定市通自来水村数 5 056 个，有农村水电站总数 50 处，装机容量 9.1 万 kW，发电量 12 000 万 kW·h。有效灌溉面积 5.7×10^5 hm²，旱涝保收面积 5.1×

$10^5\ hm^2$，农用机电井数 134 495 眼。

（一）存在问题

（1）部分农田水利设施老化失修、设备效益下降。许多农田水利工程功能衰减，部分灌区已不能正常发挥效益。

（2）防洪除涝工程体系建设尚不完善，基础设施薄弱，水资源供需矛盾显得更为突出。在工程技术、合理开发和社会经济效益等诸多方面不能互相兼顾。

（3）资金投入不足已成为制约农田水利发展和社会主义新农村建设的主要因素。

（4）农田水利设施产权不够明晰，建、管、用脱节。

（二）发展措施与趋势

（1）深化农田水利设施管理体制与组织制度改革。

（2）完善多主体、多渠道、多元化的农田水利设施建设资金投入体制。

（3）配合国家规划，结合有关法律法规进行农田水利建设。

（4）树立节约观念，科学规划，严格管理，工程使用过程中要科学用水、科学灌溉，并做好工程的后期维护保养。运用战略性眼光看待农田水利建设问题，有计划地将农田水利建设作为一项长远而艰巨的任务来抓，实现用水计量、科学灌溉、机制创新、自主管理。

二、农业机械化

保定市农业机械的发展经历了从小到大，从传统手工工具到机械化操作的过程。农机装备技术含量稳步发展，农机化作业水平持续增长，农机所有制经营形式发生了改变。

2010 年，全市农机总动力达 1 165 万 kW，农机资产净值达 44.93 亿元。拥有大中型拖拉机 2.56 万台，配套机具 4.13 万部；小型拖拉机 13.83 万台，配套机具 15.02 万部；联合收获机 1.4 万台，其中：玉米收获机械迅猛增长，达到 2 149 台，其中自走式玉米收获机 1 005 台，玉米收获专用割台 749 台；排灌动力机械 27.38 万台。实现机耕水平 76.08%、机播水平 69.22%、机收水平 33.35%。小麦玉米机械化秸秆还田 57.12 万 hm^2，利用率达到 67% 以上。

2016 年，农用机械总动力合计 $6.6×10^6$ kW，柴油发动机动力 $4.9×10^6$ kW，汽油发动机动力 2.3 万 kW，电力发动机 $1.6×10^6$ kW。拥有大中型拖拉机 3.3 万台，配套机具 5.96 万部；小型拖拉机 9.9 万台，配套机具 9.95 万部；农用排灌电动机 14 万台；联合收割机 2.1 万台；割晒机 101 台；机动脱粒机 1.5 万台；农用运输车 10.6 万台；节水灌溉机械 881 套；农用水泵 19.1 万台。机耕面积 58.1 万 hm²，机播面积 77.5 万 hm²，机收面积 72.4 万 hm²。

（一）农机品种

（1）农用动力机械：主要有内燃机和装备内燃机的拖拉机，以及电动机、风力机、水轮机和各种小型发电机组等。

（2）农田建设机械：主要有推土机、平地机、铲运机、挖掘机、装载机等，用于平整土地、修筑梯田和台田、开挖沟渠、敷设管道和开凿水井等农田建设的施工机械。

（3）耕作机械：主要有铧式犁、圆盘犁、凿式犁、旋耕机、联合机械和果园机械等，用以对土壤进行翻耕、松碎或深松、碎土所用的机械。

（4）保护机械：主要有喷雾、喷粉、喷烟机具和多用植物保护机械，用于保护作物和农产品免受病、虫、鸟、兽和杂草等为害的机械，通常是指用化学方法防治植物病虫害的各种喷施农药的机械，也包括用化学或物理方法除草和用物理方法防治病虫害、驱赶鸟兽所用的机械和设备等。

（5）排灌设备：主要有水泵、水轮泵、喷灌设备和滴灌设备等，用于农田、果园和牧场等灌溉、排水作业的机械。

（6）收获机械：主要有采棉机、联合收割机，用于收取各种农作物或农产品的各种机械。

（7）加工机械：主要有粮食加工机械、油料加工机械、棉花加工机械、麻类剥制机械、茶叶初制和精制机械、果品加工机械、乳品加工机械、种子加工处理设备和制淀粉设备等，用于对收获后的农产品或采集的禽、畜产品进行初步加工，以及某些以农产品为原料进行深度加工的机械设备。

（二）农业机械发展趋势

加快农机化结构的调整和优化升级。把农机化结构调整、优化升级作为农机化发展的首要任务，努力实现由主要抓粮食作物关键环节机械化转变为抓生产全过程机械化；由主要抓粮食作物生产机械化逐步转变为抓经济作物、牧业、林果业、设施农业等机械化；由主要抓产中环节机械化、初加工机械与技术，转变为抓产前、产后机械化技术、精加工机械与技术，并努力提高科技含量，实现农业规模化生产，增强国际竞争能力。

进一步推广玉米、小麦免耕覆盖播种、机械化秸秆综合利用、全方位深松技术、机械覆膜播种技术和节水灌溉可持续农业发展的机械化技术。积极引进、开发设施农业和林果业所需的日光温室卷帘机、微型耕整机、挖穴机、机动喷雾器等适用性强、便于操作的新型农机具。推广日光温室和果园中耕除草、植保、施肥、果树苗木嫁接和节水灌溉机械化技术，加快发展特色农业生产机械化。围绕农业产业化和高效益农业，发展市场前景看好的农副产品精深加工机械，实现加工转化增值，提高农业产出效益。

继续实施农机服务体系建设工程。稳定、壮大乡镇农机管理服务站，稳定农机管理服务队伍，拓宽服务领域，增强市场竞争能力。实施玉米收获机械化示范项目和机械化保护性耕作工程、机械化秸秆综合利用工程、机械化旱作节水等工程。按照可持续农业发展的要求，提高机械化程度，改善农业生态环境，改革传统的耕作方式，降低作业成本，增加农民收入。

（三）农机化发展的主要对策

树立服务和促进大农业生产的观念，做大做强农机产业；坚持效益优先，发挥比较优势原则，因势利导发展市场经济条件下的农机化事业；农机化发展要与农业的可持续发展战略相结合；建立健全新形势下农技服务体系，使广大农民成为真正的受益者。

第三章　耕地资源调查评价的内容和方法

耕地保护关系到国家粮食安全，关系到农民的长远生计。国以民为本，民以食为天，土为粮之母。耕地是粮食安全的载体。耕地是农业最基本的生产资料。我国之所以反复强调国家粮食安全和耕地保护，就是因为14亿人口的吃饭问题，始终是我国一件头等重要的大事，保证国家粮食安全，最根本的是保护耕地。此外，耕地质量差异普遍存在，要做到因地制宜，对耕地质量进行评价就变得十分必要，只有这样才能做到充分合理利用每一寸土地，防止耕地浪费。

保定市耕地质量调查评价工作，充分利用测土配方施肥等数据，在对有关图件和相关属性数据收集整理的基础上，建立耕地资源基础数据库和耕地资源管理信息系统，对耕地质量进行评价，为科学施肥、改良土壤、提升耕地质量提供服务。

第一节　准备工作

一、工作组织

（一）成立领导小组

为加强耕地质量调查与质量评价试点工作的领导，成立了"保定市耕地质量调查与评价工作领导小组"，组织协调、安排资金，制订工作计划，指导调查工作。

领导小组多次召开工作协调会和现场办公会，及时解决工作中出现的问题，为保证在野外调查取样时农民给予积极配合，向各县（市、区）印发了通知，要求各县（市）区做好农民的思想工作，消除疑虑，保证调查数据的真实性和可靠性。

（二）成立技术小组

成立由土肥站等单位负责人组成的技术指导小组，负责项目技术方案的制定，组织技术培训、成果汇总与技术指导，确保技术措施落实到位。聘请中国农业大学、河北农业大学、河北省农林科学院的专家成立"保定市耕地质量调查与评价工作专家组"，参与耕地质量调查与评价的技术指导，指导确立评价指标，确定各指标的权重及隶属函数模型等关键技术。

（三）组建野外调查采样队伍

野外调查采样是耕地质量评价的基础，其准确性直接影响评价结果。为保证野外调查工作质量，组成野外调查采样队。调查队由保定市各县（市、区）农业农村局技术骨干及各乡镇农业技术人员组成。

二、物资准备

在已有计算机等一些设备的基础上，配置了手持 GPS（全球定位系统）定位仪、地理信息系统软件，印制野外调查表，购置采样工具、样品袋（瓶）；建设了高标准土壤化验室，划分了浸提室、分析室、研磨室、制剂室、主控室等功能分区。添置了土壤粉碎机、原子吸收分光光度计、紫外分光光度计、火焰光度计、极谱仪、电子天平等各种化验仪器设备，并进行了严格的安装和调试，所需玻璃器皿和化学试剂也同步购置完成。化验室所需仪器设备均已配置齐全，并配有专职化验人员及兼职化验人员。

三、技术准备

（一）确定取样点

应用土壤图、农用地地块图、行政区划图等图件叠加确定评价单元，在评价单元内，参照第二次土壤普查结果，进行综合分析，确定调查和采样点位置。

（二）技术培训

积极参加部、省、县组织的技术培训，培训内容如下：

（1）田间调查技术：包括采样点选取、GPS 应用技术、采样技术、调查表填写等。

（2）计算机应用技术：数据录入、图件数字化、数据库建立、GIS（地理信息系统）等。

（3）化验技能：包括样品前处理、精密仪器使用、化验结果计算、化验质量控制等。

（4）调查报告编写。

四、资料准备

（一）图件资料

（1）保定市地形图（1∶50 000）。

（2）土壤图（1∶50 000）。

（3）土壤养分图（1∶50 000）。

（4）土地利用现状图（1∶10 000）。

（5）第二次土壤普查成果图件。

（6）基本农田保护区划区定界图（1∶10 000）。

（7）地貌类型分区图（1∶50 000）。

（8）农田水利分区图（1∶50 000）。

（9）行政区划图（1∶50 000）。

（10）地下水位等值线图（1∶50 000）。

（11）农作物种植分区图（1∶50 000）等相关图件。

（二）数据资料

搜集整理的数据资料包括：土地利用地块登记表；土壤普查农化数据资料；历年土壤肥力检测资料；测土配方施肥土壤样品化验结果表（包括土壤有机质、大量元素、中量元素、微量元素、pH 值、容重等土壤理化性状化验资料）；县、乡、村行政区划编码表等相关资料。

（三）文本资料

（1）农村及农业基本情况资料。

（2）农业气象资料。

（3）第二次农业普查的土壤志、土种志及专题报告。

（4）土地利用现状调查报告及基本农田保护区划定报告。

（5）近 3 年农业生产统计文本资料。

（6）土壤肥料检测及田间试验示范资料。

（7）其他资料。

第二节　室内研究

一、确定采样点位

（一）确定调查单元

用土壤图与行政区划图以及农用地地块图叠加产生的图斑作为耕地质量调查的基本

单元。根据土壤类型、土地利用、耕作制度、产量水平等因素，将采样区域划分为若干个采样单元，每个采样单元为 3.33~6.67 hm²。

(二) 用 GPS 确定采样点的地理坐标

在选定的调查单元中，选择有代表性的地块，用 GPS 确定该采样点的经纬度和高程。实际采样时严禁随意变更采样点，若有变更须注明理由。

(三) 大田调查与取样

(1) 选择有代表性的地块，取土样。

(2) 填写大田采样点基本情况调查表。

(3) 填写大田采样点农户调查表。

在选定的调查单元中，选择有代表性的农户，调查耕作管理、施肥水平、产量水平、种植制度、灌溉等情况，填写调查表格。

(四) 调查数据的整理

由野外调查所产生的一级数据（基本调查表），经技术负责人审核后，由专业人员按数据库要求进行编码、整理、录入。

在野外采样的同时，对已确定采样田块的户主，按不同调查表格的内容逐项进行调查填写。野外不能完成的填写内容，在室内当天完成。所有调查结束后，由熟悉土肥、农业技术的 3 位技术人员共同对调查表格进行审核。

二、确定采样方法

耕地质量调查取样：使用木铲、竹铲等不会影响样品的工具，采用"X"法、"S"法、棋盘法，均匀随机地采取 15~20 个采样点混合，采用四分法留取 1 kg 装袋。

污染地调查方法：根据污染类型及面积大小，确定采样点布设方法。污水灌溉或受污染的水灌溉，采用对角线布点法。受固体废物污染的采用棋盘或同心圆布点法。面积较小、地形平坦采用梅花布点法。面积较大、地形较复杂的采用"S"布点法。每个样品一般由 5~10 个采样点组成，面积大的适当增加采样点。土样不局限于某一田块，采样深度一般为 0~20 cm。其他同大田。

水样调查方法：灌溉高峰期采集。用 500 mL 聚乙烯瓶在抽水机出口处或农渠出水口采集 4 瓶，记载水源类型、取样时间、取样人等内容。采集后尽快送化验室，根据测定项目加入保存剂，并妥善保存[2]。

三、确定调查内容

在采样的同时，要按规定所列项目对样点的立地条件、土壤属性、农田基础设施条件、栽培管理与污染等情况进行详细调查。为了便于分析汇总，样表中所列项目原则上要无一遗漏，并按本说明所规定的技术规范来描述。对样表未涉及但对当地耕地质量评价又起着重要作用的一些因素，可在表中附加，并将相应的填写标准在表后注明。

（一）理化性状

（1）耕层质地：按照砂土、砂壤、轻壤、中壤、重壤、黏土六级进行填写。

（2）盐渍化程度：根据耕层含盐量与盐化类型统一测算，填轻度、中度、重度、无。

（二）土壤管理

（1）灌溉能力：填写充分满足（降水不足时可以随时灌溉）、满足（降水不足时关键期可以保障灌溉）、基本满足（降水不足时关键期可以保障灌溉，但大旱之年不能保障灌溉）、不满足（望天田）。

（2）排水能力：填写充分满足、满足、基本满足、不满足。

（三）剖面性状

（1）质地构型：按 1 m 土体内不同质地土层排列组合形成填写。全剖面质地相同或仅差 1 级，作为均质土壤，相差 2 级或 2 级以上的按质地间厚度区分。薄层型：土体厚度小于 30 cm；松散型：均一的砂土型；紧实型：均一的黏土型。夹层型：砂黏层次相同排列，砂层和黏层的厚度不大，30~50 cm 或更薄一些，砂黏层次适当相同，既可透水透气又可脱水保肥，对温度和养分调节都有良好的作用。上紧下松型（漏砂型）：上黏下砂，保水力强，通透性差，易漏水漏肥，耕性不良，不发小苗也不发老苗，土壤肥力差。上松下紧型：上砂下黏，群众称为蒙金土，通气透水性良好，有利于保水托肥，对土壤水肥气热状况调节较好，宜于作物生长，既发小苗又发老苗。海绵型：通体壤型。

（2）地下水埋深：分为 8 个级别，<1 m，1~2 m，2~3 m，3~5 m，5~10 m，10~30 m，30~50 m，≥50 m。

（3）障碍因素：按对植物生长构成障碍的类型来确定，也可分为：无、轻度沙化、中度沙化、重度沙化、轻度盐碱、中度盐碱、重度盐碱、黏化层、砂浆层、夹砂层、夹砾石层、钙积层。

（4）有效土层厚：是土壤肥力的重要载体，影响作物根系生长及养分吸收。

（四）立地条件

（1）地形部位：填写山前平原、微斜平原（低平原）、滨海低平地、河谷阶地（河谷两侧）、丘陵中下部、高原滩地（坝上高原）、丘陵上部、中低山坡地。

（2）农田林网化：包括高、中、低3个等级。

（3）田面坡度：分为5个等级，$\leqslant 2°$，$2° \sim 6°$，$6° \sim 10°$，$10° \sim 15°$，$> 15°$。

（4）耕层厚度：为长期耕作形成的土壤表层厚度，养分含量比较丰富，作物根系最为密集。

（五）健康状况

（1）生物多样性：通过现场调查土壤动物或检测土壤微生物状况综合判断，分为丰富、一般、不丰富。

（2）清洁程度：分为清洁和不清洁。

（六）农田情况调查

（1）灌溉水源类型：分为河流、地下水（深层、浅层）、污水等。

（2）输水方式：分为漫灌、畦灌、沟灌、喷灌等。

（3）灌溉次数：指当年累计的次数。

（4）年灌水量：指当年累计的水量。

（5）灌溉保证率：按实际情况填写。

四、确定分析项目与方法

1. 测定项目

pH值、有机质、全氮、缓效钾、有效磷、速效钾、有效态铜、有效锌、有效铁、有效锰、水溶性硼、有效态硫、有效态钼、有效态硅、总盐分、重金属等。

2. 分析方法

（1）土壤容重：环刀法。

（2）pH值的测定：土液比1∶2.5，电位法测定。

（3）有机质的测定：油浴加热重铬酸钾氧化容量法测定。

（4）有效磷的测定：碳酸氢钠提取——钼锑抗比色法。

（5）速效钾的测定：醋酸铵浸提，火焰光度法测定。

（6）全氮的测定：半微量凯氏法。

（7）缓效钾的测定：硝酸提取，火焰光度法测定。

（8）土壤有效性铜、锌、铁、锰的测定：DTPA浸提—原子吸收分光光度计法。

（9）土壤水溶性硼的测定：姜黄素比色法。

（10）土壤中有效态硫的测定：采用磷酸盐—乙酸提取，硫酸钡比浊法。

（11）土壤中有效态硅的测定：采用乙酸缓冲溶液提取，硅钼蓝比色法。

（12）土壤中有效态钼的测定：采用草酸—草酸铵提取，极谱仪法。

（13）土壤中总盐分的测定：采用电导法。

（14）土壤中重金属的测定：采用王水—高氯酸消煮——原子吸收光谱法[2]。

五、确定技术路线

收集整理第二次土壤普查的成果资料、土地利用现状图、地形图、农业统计资料的基础上，利用测土配方施肥的采样地块基本情况调查、农户调查和土壤样品测试等数据，在地理信息系统平台上构建空间数据库和属性数据库，运用模糊数学原理和层次分析原理，由《行政区划图》《农用地地块图》和《土壤图》叠加生成评价单元，选取县域内影响耕地质量的重要因子，建立层次模型，由专家根据德尔菲法给出各因子隶属度值，建立县域耕地资源管理信息系统，从而完成区域内耕地质量评价，并生成评价结果。

第三节 野外调查

一、调查方法

采样人员要具有一定采样经验，熟悉采样方法和要求，了解采样区域农业生产情况。采样前，要收集采样区域土壤图、土地利用现状图、行政区划图等资料，绘制样点分布图，制订采样工作计划。准备GPS、采样工具、采样袋（布袋、纸袋或塑料网袋）、采样标签等。

二、调查内容

填写取土农户基本情况调查表；填写农户施肥情况调查表；调查数据的整理。由野外调查所产生的一级数据（基本调查表），经技术负责人审核后，由专业人员按数据库要求进行编码、整理、录入。

三、采样质量的控制

土壤样品采集要求使用GPS定位，采样点的空间分布应相对均匀，如每6.67 hm² 采集一个土壤样品，先在土壤图上大致确定采样位置，然后在标记位置附近一个采集地块上采集多点混合土样。

第四节 样品分析与质量控制

一、样品制备与管理

（一）土壤样品采集

土壤样品采集应具有代表性（摸清不同土壤类型、不同土地利用下的土壤肥力和耕地质量的变化和现状）、典型性（特别是样品的采集必须能够正确反映样点的土壤肥力变化和土地利用方式的变化，采样点必须布设在利用方式相对稳定，没有特殊干扰的地块，避免各种调查因素的影响）、科学性（调查和采样布点上必须按照土壤分布规律布点，不打破土壤图斑的界线；根据污染源的不同设置不同的调查样点）和可比性（为了能够反映保定市多年来耕地质量和土壤质量的变化，尽可能参考第二次土壤普查及耕地负债表的取样点布置），并根据不同分析项目采取相应的采样和处理方法。

1. 采样规划

为了科学反映土壤分布规律，同时，在满足本次调查的基本要求和调查精度基础上，尽量减少调查工作量，本次保定市耕地质量调查点位选取参考耕地负债表的布点，综合考虑行政区划、土壤类型、土地利用、农业特色产业布局、耕地休养生息规划和耕地质量监测点位已有信息的完整性等因素，科学布设耕地质量调查点位，完善耕地质量监测网络。为确保监测点位代表性、延续性、统一性，耕地质量调查点位应基本固定，覆盖所有农业县（区、市），并与省级耕地质量监测评价样点、测土配方施肥取土样点、耕地质量长期定位监测点位和耕地资源资产负债表编制监测点位相衔接，全市共设立调查点 840 个。野外补充调查，在农用地块图的基础上，调查各种作物施肥水平、产量水平、经济效益等。将土壤图、行政区划图和农用地块图叠加，形成评价单元。根据评价单元个数及面积分布情况，结合总采样点数初步确定各县的采样点数。采样点数和点位确定后，根据土种、利用类型、行政区域等因素，统计各因素点位数，同时要考虑点位空间布局的均匀性。

2. 采样单元

平均每个采样单元为 3.33～6.67 hm²（平原区、大田作物每 6.67 hm² 采一个样，山区每 3.33 hm²，温室大棚作物每 30 个棚室采 1 个样），为便于田间示范跟踪和施肥分区，采样集中在位于每个采样单元相对中心位置的典型地块（同一农户的地块），采样地块面积为 0.07～0.67 hm²。采用 GPS 定位，记录经纬度，精确到 0.1″。

3. 采样时间

在作物收获后或播种施肥前采集，一般在秋后。设施蔬菜在晾棚期采集。果园在果品采摘后第一次施肥前采集，幼树及未挂果果园，应在清园扩穴施肥前采集。进行氮肥追肥推荐时，应在追肥前或作物生长的关键时期采集。

4. 采样周期

同一采样单元，每年采集 1 次。

5. 采样深度

大田采样深度分 0~20 cm、20~40 cm 两层分别采集。用于土壤无机氮含量测定的采样深度应根据不同作物、不同生育期的主要根系分布深度来确定。

6. 采样点数量

要保证足够的采样点，使之能代表采样单元的土壤特性。采样必须多点混合，每个样品取 15~20 个样点。

7. 采样路线

采样时应沿着一定的线路，按照"随机""等量"和"多点混合"的原则进行采样。一般采用"S"形布点采样。在地形变化小、地力较均匀、采样单元面积较小的情况下，也可采用"梅花"形布点取样。要避开路边、田埂、沟边、肥堆等特殊部位。蔬菜地混合样点的样品采集要根据沟、垄面积的比例确定沟、垄采样点数量。果园采样要以树干为圆点向外延伸到树冠边缘的 2/3 处采集，每株对角采 2 点。

8. 采样方法

每个采样点的取土深度及采样量应均匀一致，土样上层与下层的比例要相同。取样器应垂直于地面入土，深度相同。用取土铲取样应先铲出 1 个耕层断面，再平行于断面取土。所有样品都应采用不锈钢取土器或木、竹制采样器采样。

9. 样品量

混合土样以取土 1 kg 左右为宜（用于推荐施肥的 0.5 kg，用于田间试验和耕地质量评价的 2 kg 以上，长期保存备用），可用四分法将多余的土壤弃去。方法是将采集的土壤样品放在盘子里或塑料布上，弄碎、混匀，铺成正方形，画对角线将土样分成 4 份，把对角的 2 份分别合并成 1 份、保留 1 份、弃去 1 份。如果所得的样品依然很多，可再用 4 分法处理，直至所需数量为止。

10. 样品标记

采集的样品放入统一的样品袋，用铅笔写好标签，内外各一张。

(二) 土壤样品制备

1. 新鲜样品

为了能真实反映土壤在田间自然状态下的某些理化性状,新鲜样品要及时送回室内进行处理分析,用粗玻璃棒或塑料棒将样品混匀后迅速称样测定。新鲜样品一般不宜贮存,如需要暂时贮存,可将新鲜样品装入塑料袋,扎紧袋口,放在冰箱冷藏室或进行速冻保存。

2. 风干样品

从野外采回的土壤样品要及时放在样品盘上,摊成薄薄一层,置于干净整洁的室内通风处自然风干,严禁曝晒,并注意防止酸、碱等气体及灰尘的污染。风干过程中要经常翻动土样并将大土块捏碎以加速干燥,同时剔除侵入体。

风干后的土样按照不同的分析要求研磨过筛,充分混匀后,装入样品瓶中备用。瓶内外各放标签一张,写明编号、采样地点、土壤名称、采样深度、样品粒径、采样日期、采样人及制样时间、制样人等项目。制备好的样品要妥善贮存,避免日晒、高温、潮湿和酸碱等气体的污染。全部分析工作结束,分析数据核实无误后,试样一般还要保存 3~12 个月,以备查询。

一般化学分析试样:将风干后的样品平铺在制样板上,用木棍或塑料棍碾压,并将植物残体、石块等侵入体和新生体剔除干净。细小已断的植物须根,可采用静电吸附的方法清除。压碎的土样用 2 mm 孔径筛过筛,未通过的土粒重新碾压,直至全部样品通过 2 mm 孔径筛为止。通过 2 mm 孔径筛的土样可供 pH、盐分、交换性能及有效养分等项目的测定。将通过 2 mm 孔径筛的土样用四分法取出一部分继续碾磨,使之全部通过 0.25 mm 孔径筛,供有机质、全氮、碳酸钙等项目的测定。

微量元素分析试样:用于微量元素分析的土样,其处理方法与一般化学分析样品相同,但在采样、风干、研磨、过筛、运输、贮存等环节,不要接触容易造成样品污染的铁、铜等金属器具。采样、制样推荐使用不锈钢、木、竹或塑料工具,过筛使用尼龙网筛等。通过 2 mm 孔径尼龙筛的样品可用于测定土壤有效态微量元素含量。

颗粒分析试样:将风干土样反复碾碎,用 2 mm 孔径筛过筛。留在筛上的碎石称量后保存,同时将过筛的土壤称重,计算石砾质量百分数。将通过 2 mm 孔径筛的土样混匀后盛于广口瓶内,用于颗粒分析及其他物理性状测定[2]。

二、分析质量控制

（一）实验室基本要求

1. 实验室资格

通过省级或通过全国农业技术推广服务中心资格考核。

2. 实验室布局

合理、整洁、明亮，配备抽风排气、废水及废物处理设施。

3. 人员

按计量认证要求，配备相应专业技术人员，满足检验工作需要，持证上岗。

4. 仪器设备

满足承检项目的检验质量要求，必须计量检定合格。

5. 环境条件

适应承检项目、仪器设备的检测要求。

6. 实验室用水

用电热蒸馏或石英蒸馏或离子交换等方法制备，并符合《分析实验室用水规格和试验方法》（GB/T 6682—2008）的规定。常规检验使用三级水，配制标准溶液用水、特定项目用水应符合二级水要求。

（二）分析质量控制基础实验

1. 全程序空白值测定

全程空白值是指用某一方法测定某物质时，除样品中不合格物质外，整个分析过程中引起的信号值或相应浓度值。每次做 2 个平行样，连测 5 d 共得 10 个测定结果，计算批内标准偏差 S_{wb} 按下式计算：

$$S_{wb} = \left\{ \sum (X_i - X_\text{平})^2 / m(n-1) \right\}^{1/2}$$

式中：n 为每天测定平均样个数；m 为测定天数。

2. 检出限

检出限是指对某一特定的分析方法在给定的置信水平内可以从样品中检测待测物质的最小浓度或最小量。根据空白测定的批内标准偏差（S_{wb}）按下列公式计算检出限（95%的置信水平）。

若试样一次测定值与零浓度试样一次测定值有显著性差异时，检出限按下式计算：

$$L = 2 \times 2^{1/2} t_f S_{wb}$$

式中：L 为方法检出限；t_f 为显著水平为 0.05（单侧）自由度为 f 的 t 值；S_{wb} 为批内空白值标准偏差；f 为批内自由度，$f = m(n-1)$，m 为重复测定次数，n 为平行测定次数。

原子吸收分析方法中用下式计算检出限：

$$L = 3 S_{wb}$$

分光光度法以扣除空白值后的吸光值为 0.010 相对应的浓度值为检出限。

3. 校准曲线

标准系列应设置 6 个以上浓度点。

根据一元线性回归方程：$y = a + bx$

式中：y 为收光度；x 为待测液浓度；a 为截距；b 为斜率。

校准曲线相关系数应力求 $R \geqslant 0.999$。

校准曲线控制：每批样品皆需做校准曲线；校准曲线要 $R > 0.999$，且有良好重现性；即使校准曲线有良好重视性也不得长期使用；待测液浓度过高时不能任意外推；大批量分析时每测 20 个样品也要用一标准液校验，以查仪器灵敏度漂移。

4. 精密度控制

（1）测定率：凡可以进行平行双样分析的项目，每批样品每个项目分析时均须做 10%~15%平行样品，5 个样品以下，应增加到 50%以上。

（2）测定方式：由分析者自行编入的明码平行样，或由质控员在采样现场或实验室编入的密码平行样。二者等效、不必重复。

（3）合格要求：平行双样测定结果的误差在允许误差范围内为合格，部分项目允许误差范围参照相关要求。当平行双样测定全部不合格者，重新进行平行双样的测定；平行双样测定合格率<95%时，除对不合格者重新测定外，再增加 10%~20%的测定率，如此累进，直到总合格率为 95%。在批量测定中，普遍应用平行双样实验，其平行测定结果之差为绝对相差；绝对相差除以平行双样结果的平均值即为相对相差。当平行双样测定结果超过允许范围应查找原因重新测定。

5. 准确度控制

本工作仅在土壤分析中执行。

（1）使用标准样品或质控样品：例行分析中，每批要带测质控平行双样，在测定的精密度合格的前提下，质控样测定值必须落在质控样保证值（在 95%的置信水平）范围之内，否则本批结果无效，需重新分析测定。

（2）加标回收率的测定：当选测的项目无标准物质或质控样品时，可用加标回收实验来检查测定准确度。取 2 份相同的样品，1 份加入已知量的标准物，2 份在同一条件下测定其含量，加标的 1 份所测得的结果减去未加标 1 份所测得的结果，其差值同加入标准物质的理论值之比即为样品加标回收率。

回收率＝（加标试样测得总量-样品含量）×100/加标量。

加标率。在一批试样中，随机抽取 10%~20% 试样进行加标回收测定。样品数不足 10 个时，适当增加加标比率。每批同类型试样中，加标试样不应小于 1 个。

加标量。加标量视被测组分的含量而定，含量高的加入被测组分含量的 0.5~1.0 倍，含量低的加 2~3 倍，但加标后被测组分的总量不得超出方法的测定上限。加标浓度宜高，体积应小，不应超过原试样体积的 1%。

合格要求。加标回收率应在允许范围内，如果要求允许差值为 ±2%，则回收率应在 98%~102%。回收率越接近 100%，说明结果越准确。

6. 实验室间的质量考核

（1）发放已知样品：在进行准备工作期间，为便于各实验室对仪器、基准物质及方法等进行校正，以达到消除系统误差的目的。

（2）发放考核样品：考核样应有统一编号、分析项目、稀释方法、注意事项等。含量由主管掌握，各实验室不知，考核各实验室分析质量，样品应按要求时间内完成。

7. 异常结果发现时的检查与核对

（1）Grubb's 法：在判断一组数据中是否产生异常值可用数理统计法加以处理观察，采用 Grubb's 法。

$$T_{计} = | X_k - X | / S$$

式中：X_k 为怀疑异常值；X 为包括 X_k 在内的一组平均值；S 为包括 X_k 在内的标准差。

根据 1 组测定结果，从由小到大排列，按上述公式，X_k 可为最大值，也可为最小值。根据计算样本容量 n 查 Grubb's 检验临界值 Ta 表，若 $T_{计} \geqslant T_{0.01}$，则 X_k 为异常值；若 $T_{计} < T_{0.01}$，则 X_k 不是异常值。

（2）Q 检验法：多次测定一个样品的某一成分，所得测定值中某一值与其他测定值相差很大时，常用 Q 检验法决定取舍。

$$Q = d/R$$

其中 d 为可疑值与最邻近数据的差值；R 为最大值与最小值之差（极差）。将测定数据由小到大排列，求 R 和 d 值，并计算得 Q 值，查 Q 表，若 $Q_{计算} > Q_{0.01}$，舍去。

第五节　耕地质量评价原理与方法

一、指导思想

按照党中央、国务院和河北省委、省政府关于加快推进生态文明建设，推进京津冀协同发展的决策部署和要求，全面加强耕地资源统计调查和监测基础工作，推动建立健全科学规范的耕地资源统计调查制度，摸清耕地资源资产的家底及其变动情况，为领导干部离任审计、粮食安全领导责任目标考核和生态环境损害责任追究提供支持。

二、编制原则

按照耕地质量等级划分技术规范要求，从耕地资源保护和管控的现实需要出发，在耕地质量划分规范框架下，编制反映耕地资源实物存量及变动情况的资产负债表，以构建科学、规范、管用的耕地资源资产负债表编制制度。

1. 重要性原则

选取的因子对耕地生产能力有比较大的影响，如地形因素、土壤因素、灌排条件等。

2. 差异性原则

选取的因子在评价区域内的变异较大，便于划分耕地质量等级。如在地形起伏较大的区域，地面坡度对耕地质量有很大影响，必须列入评价项目中；有效土层是影响耕地生产能力的重要因素，在多数地方都应列入评价指标体系，但在冲积平原地区，耕地土壤都是由松软的沉积物发育而成，有效土层深厚而且比较均一，可以不作为参评因素。

3. 稳定性原则

选取的评价因素在时间序列上具有相对的稳定性，如土壤质地、有机质含量等，评价结果能够有较长的有效期。

4. 易获取原则

通过常规的方法即可获取，如土壤养分含量、耕层厚度、灌排条件等。某些指标虽然对耕地生产能力有很大影响，但获取比较困难，或者获取的费用较高，当前不具备条件，如土壤生物的种类和数量、土壤中某种酶的数量等生物性指标。

5. 必要性原则

选取评价因素与评价区域的大小有密切的关系。当评价区域很大（国家或省级耕地质量评价），气候因素（降雨、无霜期等）就必须作为评价因素。本项工作要求以县域为基础单位，在一个县的范围内，气候因素变化较小，可以不作为参评指标。

6. 精简性原则

并不是选取的指标越多越好，选取的指标太多，工作量和费用都要增加。一般 8~15 个指标能够满足评价的需要。耕地质量就是耕地的生产能力，是在一定区域内一定的土壤类型上，耕地的土壤理化性状、所处自然环境条件、农田基础设施及耕作施肥管理水平等因素的总和。根据评价的目的要求，在保定市耕地质量评价中，编者应遵循以上基本原则。

三、编制重点

1. 统一指标体系

按照《耕地质量等级》（GB/T 33469—2016）要求，全市划分了丘陵山区、平原区和洼淀区 3 个区域，分别制定了区域评价指标体系。8 个县利用山地丘陵区评价指标体系，7 个县利用平原区评价指标体系，6 个县利用洼淀区评价指标体系，分别对县域耕地质量等级进行评价。

2. 收集图件数据

利用国土二调农用地块图、行政区划图和土壤图，借助县域耕地质量调查与评价成果，按照《耕地质量监测技术规程》样点确定原则，选择评价样点，填写样点基本情况调查表，建立数据库。现有资料不能满足调查表数据需求的可适当开展补充性调查。

3. 划分综合指数

根据保定各县评价单元耕地质量综合指数，确定统一的耕地质量等级划分标准。按照耕地质量等级及变动表，计算耕地质量加权平均等级。

4. 开展等级评价

利用县域耕地资源管理信息系统对耕地质量等级进行评价，制作县域耕地质量等级图，编制耕地质量等级统计表。

四、耕地质量划分流程

按照《河北省耕地质量等级划分技术规范》进行。

（一）耕地质量划分流程图

耕地质量划分流程详见图 3-1。

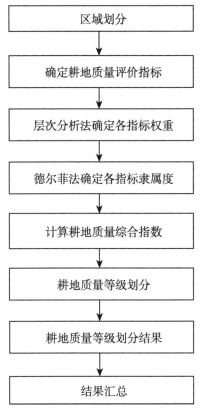

图 3-1　耕地质量划分流程

(二) 区域划分及指标确定

参照《耕地质量等级》(GB/T 33469—2016) 国家标准,根据保定市耕地质量状况、特点,将保定市耕地质量区域划分为山地丘陵区、平原区和洼淀区 3 个区域 (表 3-1),分别制定了区域评价指标体系[3]。

表 3-1　保定市所属农业区

所属农业区	县 (市、区) 名
丘陵山区 (8个)	涞源县、涞水县、易县、顺平县、满城区、唐县、阜平县、曲阳县
平原区 (8个)	清苑区、徐水区、定兴县、高碑店市、涿州市、安国市、望都县、定州市
低洼区 (6个)	安新县、雄县、高阳县、容城县、博野县、蠡县

不同区域类型评价指标不同,对各评价指标进行分级并赋值。详见 (表 3-2 至表 3-4)。

表3-2　山地丘陵区耕地质量评价指标体系

评价指标	序号	要素名称	评价指标	序号	要素名称
耕层理化性状	1	耕层质地	耕层养分状况	7	有机质
	2	酸碱度		8	有效磷
土壤管理	3	灌溉能力		9	速效钾
	4	排水能力	剖面性状	10	质地构型
立地条件	5	地形部位		11	障碍因素
	6	田面坡度		12	有效土层厚

表3-3　平原区耕地质量评价指标体系

评价指标	序号	要素名称	评价指标	序号	要素名称
耕层理化性状	1	耕层质地	剖面性状	7	质地构型
	2	酸碱度		8	地下水埋深
	3	土壤容重		9	障碍因素
土壤管理	4	灌溉能力	耕层养分状况	10	有机质
	5	排水能力		11	有效磷
立地条件	6	耕层厚度		12	速效钾

表3-4　洼淀区耕地质量评价指标体系

评价指标	序号	要素名称	评价指标	序号	要素名称
耕层理化性状	1	耕层质地	剖面性状	7	质地构型
	2	酸碱度		8	地下水埋深
	3	土壤容重		9	障碍因素
	4	盐渍化程度		10	有机质
土壤管理	5	灌溉能力	耕层养分状况	11	有效磷
	6	排水能力		12	速效钾

（三）技术准备

耕地质量划分建议采用农业部测土配方施肥项目统一提供的县域耕地资源管理信息

系统软件来完成。图件资料、建立地理信息系统（GIS）支持下的耕地资源数据库标准，确定评价单元、确定评价样点、野外调查、建立数据库。

根据各评价因子的空间分布图或属性库，将各评价因子数据赋值给评价单元。对点位分布图（如养分点位分布图），采用插值方法将其转换为栅格图，与评价单元图叠加，通过加权统计给评价单元赋值。对矢量分布图（如土壤质地分布图），将其直接与评价单元图叠加，通过加权统计、属性提取，给评价单元赋值。

（四）确定各指标权重

按照《耕地质量等级》（GB/T 33469—2016）规定的层次分析法，建立目标层、准则层和指标层层次结构，构造判断矩阵，经层次单排序及其一致性检验，计算并确定所有指标对于耕地质量（目标层）相对重要性的排序权重值。保定市各指标的权重请相关专家评议打分后统一提供。

1. 建立层次结构模型

按照层次分析法，建立目标层、准则层和指标层层次结构，用框图形式说明层次的递阶结构与因素的从属关系。当某个层次包含的因素较多时（如超过 9 个），可将该层次进一步划分为若干子层次。

2. 构造判断矩阵

判断矩阵表示针对上一层次某因素，本层次与有关因子之间相对重要性的比较。假定 A 层因素中 a_k 与下一层次中 B_1，B_2，$\cdots$，B_n 有联系，构造的判断矩阵一般形式见表 3-5。

表 3-5　判断矩阵形式

a_k	B_1	B_2	$\cdots$	B_n
B_1	b_{11}	b_{12}	$\cdots$	b_{1n}
B_2	b_{21}	b_{22}	$\cdots$	b_{2n}
$\vdots$	$\vdots$	$\vdots$	$\vdots$	$\vdots$
B_n	b_{n1}	b_{n2}	$\cdots$	b_{nm}

判断矩阵元素的值反映了人们对各因素相对重要性（或优劣、偏好、强度等）的认识，一般采用 1~9 及其倒数的标度方法。当相互比较因素的重要性能够用具有实际意义的比值说明时，判断矩阵相应元素的值则可以取这个比值。判断矩阵的元素标度及其含义见表 3-6。

表 3-6　判断矩阵标度及其含义

标度	含义
1	表示两个因素相比，具有同样重要性
3	表示两个因素相比，一个因素比另一个因素稍微重要
5	表示两个因素相比，一个因素比另一个因素明显重要
7	表示两个因素相比，一个因素比另一个因素强烈重要
9	表示两个因素相比，一个因素比另一个因素极端重要
2，4，6，8	上述两相邻判断的中值
倒数	因素 i 与 j 比较得判断 b_{ij}，则因素 j 与 i 比较得判断 $b_{ji}=1/b_{ij}$

3. 层次单排序及其一致性检验

建立比较矩阵后，即可求出各个因素的权值。用和积法计算出各矩阵的最大特征根 max 及其对应的特征向量 W，并用 $CR=CI/RI$ 进行一致性检验。计算方法如下：

1）按式（1）将比较矩阵每一列正规化（以矩阵 B 为例）

$$\hat{b}_{ij}=\frac{b_{ij}}{\sum_{i=1}^{n}b_{ij}} \tag{1}$$

2）按式（2）将每一列经正规化后的比较矩阵按行相加

$$\overline{W_i}=\sum_{i=1}^{n}\hat{b}_{ij} \tag{2}$$

3）按式（3）对向量

$$\overline{W}=\left[\overline{W_1},\overline{W_2},\cdots,\overline{W_n}\right] \tag{3}$$

按式（4）正规化

$$W_i=\frac{\overline{W_i}}{\sum_{i=1}^{n}\overline{W_i}},i=1,2,3,\cdots,n \tag{4}$$

所得到的 $W=\left[W_1,W_2,\cdots,W_n\right]^{\mathrm{T}}$ 即为所求特征向量，也就是各个因素的权重值。

4）按式（5）计算比较矩阵最大特征根 max：

$$\lambda_{\max}=\sum_{i=1}^{n}\frac{(BW)_i}{nW_i},i=1,2,\cdots,n \tag{5}$$

式中：$(BW)_i$ 为向量 BW 的第 i 个元素。

一致性检验：首先计算一致性指标 CI：

$$CI = \frac{\lambda_{\max} - n}{n - 1} \qquad (6)$$

式中：n 为比较矩阵的阶，是因素的个数。

然后根据表3-7查找出随机一致性指标 RI，由式（7）计算一致性比率 CR：

$$CR = \frac{CI}{RI} \qquad (7)$$

表3-7 随机一致性指标 RI 的值

项目	n										
	1	2	3	4	5	6	7	8	9	10	11
RI	0	0	0.58	0.90	1.12	1.24	1.32	1.41	1.45	1.49	1.51

当 $CR < 0.1$ 就认为比较矩阵的不一致程度在容许范围内，否则必须重新调整矩阵。

4. 层次总排序

计算同一层次所有因素对于最高层（总目标）相对重要性的排序权值，称为层次总排序。这一过程是从最高层次到最低层次逐层进行的。若上一层次 A 包含 m 个因素 A_1，A_2，$\cdots$，A_m，其层次总排序权值分别为 a_1，a_2，$\cdots$，a_m，下一层次 B 包含 n 个因素 B_1，B_2，$\cdots$，B_n，它们对于因素 A_j 的层次单排序权值分别为 b_{1j}，b_{2j}，$\cdots$，b_{nj}（当 B_k 与 A_j 无联系时，$b_{kj}=0$），此时 $\boldsymbol{B}$ 层次总排序权值由表3-8给出。

表3-8 层次总排序的权值计算

层次	A_1	A_2	$\cdots$	A_m	$\boldsymbol{B}$ 层次总排序权值
	a_1	a_2	$\cdots$	a_m	
B_1	b_{11}	b_{12}	$\cdots$	b_{1m}	$\sum\limits_{i=1}^{n} a_1 b_1$
B_2	b_{21}	b_{22}	$\cdots$	b_{2m}	$\sum\limits_{j=1}^{n} a_j b_{2j}$
$\vdots$	$\vdots$	$\vdots$		$\vdots$	$\vdots$
B_n	b_{n1}	b_{n2}	$\cdots$	b_{nm}	$\sum\limits_{j=1}^{n} a_j b_{1j}$

5. 层次总排序的一致性检验

这一步骤也是从高到低逐层进行的。如果 $\boldsymbol{B}$ 层次某些因素对于 A_j 单排序的一致性

指标为 CI_j，相应的平均随机一致性指标为 CR_j，则 **B** 层次总排序随机一致性比率用式（8）计算。

$$CR = \frac{\sum\limits_{j=1}^{m} a_j CI_j}{\sum\limits_{j=1}^{m} a_j RI_j} \tag{8}$$

类似地，当 $CR < 0.1$ 时，认为层次总排序结果具有满意的一致性，否则需要重新调整判断矩阵的元素取值。

6. 计算各指标隶属度

根据模糊数学的理论，将选定的评价指标与耕地质量之间的关系分为戒上型函数、直线型函数以及概念型 3 种类型的隶属函数。

戒上型函数模型：适合这种函数模型的评价因子，其数值越大，相应的耕地质量水平越高，但到了某一临界值后，其对耕地质量的正贡献效果也趋于恒定（如有效土层厚度、有机质含量等）。

$$y_i = \begin{cases} 0, & u_i \leqslant u_i \\ 1/(1 + a_i (u_i - c_i)^2), & u_i < u_i < c_i, (i = 1, 2, \cdots, m) \\ 1, & c_i \leqslant u_i \end{cases} \tag{9}$$

式中：y_i 为第 i 个因子的隶属度；u_i 为样品实测值；c_i 为标准指标；a_i 为系数；u_t 为指标下限值。

直线型函数模型：适合这种函数模型的评价因子，其数值的大小与耕地质量水平呈直线关系（如田面坡度）。

$$Y_i = a_i u_i + b \tag{10}$$

式中：a_i 为系数；b 为截距。

概念型指标：这类指标其性状是定性的、非数值性的，与耕地质量之间是一种非线性的关系，如地形部位、质地等。这类因子不需要建立隶属函数模型。

7. 保定市评价指标权重

保定市评价权重指标详见表 3-9。

表 3-9　保定市评价权重指标

山地丘陵区		平原区		洼淀区	
指标名称	指标权重	指标名称	指标权重	指标名称	指标权重
耕层质地	0.101 0	耕层质地	0.121 0	耕层质地	0.154 0

（续表）

山地丘陵区		平原区		洼淀区	
指标名称	指标权重	指标名称	指标权重	指标名称	指标权重
酸碱度	0.039 0	酸碱度	0.035 0	盐渍化程度	0.132 0
灌溉能力	0.164 0	土壤容重	0.036 0	酸碱度	0.043 0
排水能力	0.039 0	灌溉能力	0.154 0	土壤容重	0.036 0
有机质	0.084 0	排水能力	0.067 0	灌溉能力	0.183 0
有效磷	0.052 0	有机质	0.110 0	排水能力	0.090 0
速效钾	0.041 0	有效磷	0.088 0	有机质	0.123 0
质地构型	0.069 0	速效钾	0.057 0	有效磷	0.066 0
有效土层厚	0.153 0	质地构型	0.096 0	速效钾	0.057 0
障碍因素	0.020 0	耕层厚度	0.106 0	质地构型	0.068 0
地形部位	0.120 0	地下水埋深	0.029 0	地下水埋深	0.024 0
田面坡度	0.118 0	障碍因素	0.101 0	障碍因素	0.024 0

8. 保定市评价因子分值及隶属度

依据 NY/T 1634 规定的方法，对于概念型评价因子，采用德尔菲法直接给出隶属度。对于数值型评价因子，用德尔菲法对一组实测值评估出相应的一组隶属度，并根据这两组数据拟合隶属函数；也可以根据唯一差异原则，用田间试验的方法获得测试值与耕地质量的 1 组数据，用这组数据直接拟合隶属函数，求得隶属函数中各参数值。再将各评价因子的实测值代入隶属函数计算，即可得到各评价因子的隶属度。鉴于质地对耕地某些指标的影响，有机质应按不同质地类型分别拟合隶属函数（表 3-10 至表 3-12）。

表 3-10　山地丘陵区评价因子分值及隶属度

指标名称	条件	函数类型	函数模型	a 值	b 值	u_1 值	u_2 值	条件内容
有效土层厚	条件 1	戒上型	$y=1/[1+a\times(u-c)^2]$	0.000 1	163.9	20	150	<全部>
质地构型	条件 1	概念型	$y=a$	1				质地构型 ='上松下紧'

（续表）

指标名称	条件	函数类型	函数模型	a 值	b 值	u_1 值	u_2 值	条件内容
质地构型	条件2	概念型	$y=a$	1				质地构型 ='海绵型' 或 质地构型 ='通体壤'
	条件3	概念型	$y=a$	0.9				质地构型 ='夹层型'
	条件4	概念型	$y=a$	0.8				质地构型 ='紧实型'
	条件5	概念型	$y=a$	0.7				质地构型 ='上紧下松'
	条件6	概念型	$y=a$	0.5				质地构型 ='松散型' 或 质地构型 ='通体砂'
	条件7	概念型	$y=a$	0.25				质地构型 ='薄层型'
障碍因素	条件1	概念型	$y=a$	1				障碍因素 ='无'
	条件2	概念型	$y=a$	0.6				障碍因素 ='障碍层次'
	条件3	概念型	$y=a$	0.5				障碍因素 ='瘠薄'
	条件4	概念型	$y=a$	0.4				障碍因素 ='酸化'
	条件5	概念型	$y=a$	0.3				障碍因素 ='渍潜'
	条件6	概念型	$y=a$	0.2				障碍因素 ='盐碱'
灌溉能力	条件1	概念型	$y=a$	1				灌溉能力 ='充分满足'
	条件2	概念型	$y=a$	0.85				灌溉能力 ='满足'
	条件3	概念型	$y=a$	0.7				灌溉能力 ='基本满足'
	条件4	概念型	$y=a$	0.4				灌溉能力 ='不满足'
排水能力	条件1	概念型	$y=a$	1				排水能力 ='充分满足'
	条件2	概念型	$y=a$	0.85				排水能力 ='满足'
	条件3	概念型	$y=a$	0.75				排水能力 ='基本满足'
	条件4	概念型	$y=a$	0.5				排水能力 ='不满足'
耕层质地	条件1	概念型	$y=a$	1				耕层质地 ='中壤'
	条件2	概念型	$y=a$	0.9				耕层质地 ='轻壤'
	条件3	概念型	$y=a$	0.8				耕层质地 ='重壤'
	条件4	概念型	$y=a$	0.6				耕层质地 ='砂壤'
	条件5	概念型	$y=a$	0.7				耕层质地 ='黏土'
	条件6	概念型	$y=a$	0.5				耕层质地 ='砂土'

（续表）

指标名称	条件	函数类型	函数模型	a 值	b 值	u_1 值	u_2 值	条件内容
酸碱度	条件1	峰型	$y=1/[1+a\times(u-c)^2]$	0.429 8	6.91	4.5	9	<全部>
有机质	条件1	戒上型	$y=1/[1+a\times(u-c)^2]$	0.005 9	20	6	20	<全部>
有效磷	条件1	戒上型	$y=1/[1\ a\times(u-c)^2]$	0.002 2	40	4	40	<全部>
速效钾	条件1	戒上型	$y=1/[1+a\times(u-c)^2]$	0.000 2	160	50	160	<全部>
	条件1	概念型	$y=a$	1				地形部位 ='山前平原' 或地形部位 ='平原高阶'
	条件2	概念型	$y=a$	0.95				地形部位 ='微斜平原' 或地形部位 ='低平原' 或地形部位 ='平原中阶'
	条件3	概念型	$y=a$	0.9				地形部位 ='河谷阶地' 或地形部位 ='河谷两侧' 或地形部位 ='宽谷盆地'
	条件4	概念型	$y=a$	0.8				地形部位 ='山间盆地'
地形部位	条件5	概念型	$y=a$	0.7				地形部位 ='丘陵下部'
	条件6	概念型	$y=a$	0.6				地形部位 ='丘陵中部'
	条件7	概念型	$y\ a$	0.5				地形部位 ='滨海低平地' 或地形部位 ='平原低阶'
	条件8	概念型	$y=a$	0.4				地形部位 ='丘陵上部'
	条件9	概念型	$y=a$	0.3				地形部位 ='山地坡下'
	条件10	概念型	$y=a$	0.2				地形部位 ='山地坡中'
	条件11	概念型	$y=a$	0.1				地形部位 ='山地坡上'

（续表）

指标名称	条件	函数类型	函数模型	a 值	b 值	u_1 值	u_2 值	条件内容
	条件 1	概念型	$y=a$	1				田面坡度≤2°
	条件 2	概念型	$y=a$	0.84				2°＜田面坡度≤6°
田面坡度	条件 3	概念型	$y=a$	0.67				6°＜田面坡度≤10°
	条件 4	概念型	$y=a$	0.52				10°＜田面坡度≤15°
	条件 5	概念型	$y=a$	0.29				田面坡度＞15°

表 3-11　平原区评价因子分值及隶属度

指标名称	条件	函数类型	函数模型	a 值	b 值	u_1 值	u_2 值	条件内容
	条件 1	概念型	$y=a$	1				质地构型 ='上松下紧'
	条件 2	概念型	$y=a$	1				质地构型 ='海绵型' 或 质地构型 ='通体壤'
	条件 3	概念型	$y=a$	0.9				质地构型 ='夹层型'
质地构型	条件 4	概念型	$y=a$	0.8				质地构型 ='紧实型'
	条件 5	概念型	$y=a$	0.7				质地构型 ='上紧下松'
	条件 6	概念型	$y=a$	0.5				质地构型 ='松散型' 或 质地构型 ='通体砂'
	条件 7	概念型	$y=a$	0.25				质地构型 ='薄层型'
耕层厚度	条件 1	戒上型	$y=1/[1+a\times(u-c)^2]$	0.00274	30.34	10	30	<全部>
	条件 1	概念型	$y=a$	0.8				地下水埋深＜1 m
	条件 2	概念型	$y=a$	0.9				1 m＜地下水埋深≤2 m
	条件 3	概念型	$y=a$	1.0				2 m＜地下水埋深≤3 m
	条件 4	概念型	$y=a$	0.9				3 m＜地下水埋深≤5 m
地下水埋深	条件 5	概念型	$y=a$	0.8				5 m＜地下水埋深≤10 m
	条件 6	概念型	$y=a$	0.7				10 m＜地下水埋深≤30 m
	条件 7	概念型	$y=a$	0.6				30 m＜地下水埋深≤50 m
	条件 8	概念型	$y=a$	0.4				地下水埋深≥50 m

（续表）

指标名称	条件	函数类型	函数模型	a 值	b 值	u_1 值	u_2 值	条件内容
障碍因素	条件 1	概念型	$y=a$	1				障碍因素 ='无'
	条件 2	概念型	$y=a$	0.6				障碍因素 ='障碍层次'
	条件 3	概念型	$y=a$	0.5				障碍因素 ='瘠薄'
	条件 4	概念型	$y=a$	0.4				障碍因素 ='酸化'
	条件 5	概念型	$y=a$	0.3				障碍因素 ='渍潜'
	条件 6	概念型	$y=a$	0.2				障碍因素 ='盐碱'
灌溉能力	条件 1	概念型	$y=a$	1				灌溉能力 ='充分满足'
	条件 2	概念型	$y=a$	0.85				灌溉能力 ='满足'
	条件 3	概念型	$y=a$	0.7				灌溉能力 ='基本满足'
	条件 4	概念型	$y=a$	0.4				灌溉能力 ='不满足'
排水能力	条件 1	概念型	$y=a$	1				排水能力 ='充分满足'
	条件 2	概念型	$y=a$	0.85				排水能力 ='满足'
	条件 3	概念型	$y=a$	0.75				排水能力 ='基本满足'
	条件 4	概念型	$y=a$	0.5				排水能力 ='不满足'
耕层质地	条件 1	概念型	$y=a$	1				耕层质地 ='中壤'
	条件 2	概念型	$y=a$	0.9				耕层质地 ='轻壤'
	条件 3	概念型	$y=a$	0.8				耕层质地 ='重壤'
	条件 4	概念型	$y=a$	0.6				耕层质地 ='砂壤'
	条件 5	概念型	$y=a$	0.7				耕层质地 ='黏土'
	条件 6	概念型	$y=a$	0.5				耕层质地 ='砂土'
酸碱度	条件 1	峰型	$y=1/[1+a\times(u-c)^2]$	0.429 75	6.91	4.5	9	<全部>
土壤容重	条件 1	概念型	$y=a$	0.3				土壤容重<1.00 g/cm³
	条件 2	概念型	$y=a$	1				1.00 g/cm³ ≤ 土壤容重<1.35 g/cm³
	条件 3	概念型	$y=a$	0.9				1.35 g/cm³ ≤ 土壤容重<1.45 g/cm³
	条件 4	概念型	$y=a$	0.7				1.45 g/cm³ ≤ 土壤容重<1.55 g/cm³
	条件 5	概念型	$y=a$	0.5				1.55 g/cm³ ≤ 土壤容重<1.70 g/cm³
	条件 6	概念型	$y=a$	0.3				土壤容重≥1.70 g/cm³

（续表）

指标名称	条件	函数类型	函数模型	a 值	b 值	u_1 值	u_2 值	条件内容
有机质	条件1	戒上型	$y=1/[1+a\times(u-c)^2]$	0.005 88	20	6	20	<全部>
有效磷	条件1	戒上型	$y=1/[1+a\times(u-c)^2]$	0.002 21	40	4	40	<全部>
速效钾	条件1	戒上型	$y=1/[1+a\times(u-c)^2]$	0.000 17	160	50	160	<全部>

表3-12　洼淀区评价因子分值及隶属度

指标名称	条件	函数类型	函数模型	a 值	b 值	u_1 值	u_2 值	条件内容
	条件1	概念型	$y=a$	1				质地构型 ='上松下紧'
	条件2	概念型	$y=a$	1				质地构型 ='海绵型' 或 质地构型 ='通体壤'
	条件3	概念型	$y=a$	0.9				质地构型 ='夹层型'
质地构型	条件4	概念型	$y=a$	0.8				质地构型 ='紧实型'
	条件5	概念型	$y=a$	0.7				质地构型 ='上紧下松'
	条件6	概念型	$y=a$	0.5				质地构型 ='松散型' 或 质地构型 ='通体砂'
	条件7	概念型	$y=a$	0.25				质地构型 ='薄层型'
	条件1	概念型	$y=a$	0.8				地下水埋深<1 m
	条件2	概念型	$y=a$	0.9				1 m<地下水埋深≤2 m
	条件3	概念型	$y=a$	1.0				2 m<地下水埋深≤3 m
	条件4	概念型	$y=a$	0.9				3 m<地下水埋深≤5 m
地下水埋深	条件5	概念型	$y=a$	0.8				5 m<地下水埋深≤10 m
	条件6	概念型	$y=a$	0.7				10 m<地下水埋深≤30 m
	条件7	概念型	$y=a$	0.6				30 m<地下水埋深≤50 m
	条件8	概念型	$y=a$	0.4				地下水埋深≥50 m

（续表）

指标名称	条件	函数类型	函数模型	a 值	b 值	u_1 值	u_2 值	条件内容
障碍因素	条件1	概念型	$y=a$	1				障碍因素 ='无'
	条件2	概念型	$y=a$	0.6				障碍因素 ='障碍层次'
	条件3	概念型	$y=a$	0.5				障碍因素 ='瘠薄'
	条件4	概念型	$y=a$	0.4				障碍因素 ='酸化'
	条件5	概念型	$y=a$	0.3				障碍因素 ='渍潜'
	条件6	概念型	$y=a$	0.2				障碍因素 ='盐碱'
灌溉能力	条件1	概念型	$y=a$	1				灌溉能力 ='充分满足'
	条件2	概念型	$y=a$	0.85				灌溉能力 ='满足'
	条件3	概念型	$y=a$	0.7				灌溉能力 ='基本满足'
	条件4	概念型	$y=a$	0.4				灌溉能力 ='不满足'
排水能力	条件1	概念型	$y=a$	1				排水能力 ='充分满足'
	条件2	概念型	$y=a$	0.85				排水能力 ='满足'
	条件3	概念型	$y=a$	0.75				排水能力 ='基本满足'
	条件4	概念型	$y=a$	0.5				排水能力 ='不满足'
耕层质地	条件1	概念型	$y=a$	1				耕层质地 ='中壤'
	条件2	概念型	$y=a$	0.9				耕层质地 ='轻壤'
	条件3	概念型	$y=a$	0.8				耕层质地 ='重壤'
	条件4	概念型	$y=a$	0.6				耕层质地 ='砂壤'
	条件5	概念型	$y=a$	0.7				耕层质地 ='黏土'
	条件6	概念型	$y=a$	0.5				耕层质地 ='砂土'
酸碱度	条件1	峰型	$y=1/[1+a\times(u-c)^2]$	0.429 75	6.909	4.5	9	<全部>
土壤容重	条件1	概念型	$y=a$	0.3				土壤容重<1.00 g/cm³
	条件2	概念型	$y=a$	1				1.00 g/cm³ ≤ 土壤容重<1.35 g/cm³
	条件3	概念型	$y=a$	0.9				1.35 g/cm³ ≤ 土壤容重<1.45 g/cm³
	条件4	概念型	$y=a$	0.7				1.45 g/cm³ ≤ 土壤容重<1.55 g/cm³
	条件5	概念型	$y=a$	0.5				1.55 g/cm³ ≤ 土壤容重<1.70 g/cm³
	条件6	概念型	$y=a$	0.3				土壤容重≥1.70 g/cm³

（续表）

指标名称	条件	函数类型	函数模型	a 值	b 值	u_1 值	u_2 值	条件内容
盐渍化程度	条件 1	概念型	$y=a$	1				盐渍化程度 ='无'
	条件 2	概念型	$y=a$	0.85				盐渍化程度 ='轻度'
	条件 3	概念型	$y=a$	0.7				盐渍化程度 ='中度'
	条件 4	概念型	$y=a$	0.5				盐渍化程度 ='重度'
	条件 5	概念型	$y=a$	0.25				盐渍化程度 ='盐土'
有机质	条件 1	戒上型	$y=1/[1+a\times(u-c)^2]$	0.005 88	20	6	20	<全部>
有效磷	条件 1	戒上型	$y=1/[1+a\times(u-c)^2]$	0.002 21	40	4	40	<全部>
速效钾	条件 1	戒上型	$y=1/[1+a\times(u-c)^2]$	0.000 17	160	50	160	<全部>

9. 计算耕地质量综合指数

采用累加法按照式（11）计算耕地质量综合指数。

$$P = \sum (C_i \times F_i) \tag{11}$$

式中：P 为耕地质量综合指数（Integrated Fertility Index）；C_i 为 第 i 个评价指标的组合权重；F_i 为 第 i 个评价指标的隶属度。

10. 等级划分

按从大到小顺序采用等距法将耕地质量划分为 10 个耕地质量等级。耕地质量综合指数越大，耕地质量水平越高。1 等地耕地质量最高，10 等地耕地质量最低。

各区域内耕地质量划分时，依据相应的耕地质量综合指数确定当地耕地质量最高、最低等级范围，再划分耕地质量等级。

11. 耕地清洁程度调查与评价

当耕地周边有污染源或存在污染的，应根据区域大小，加密耕地环境质量调查取样点密度，检测土壤污染物含量，进行耕地清洁程度评价。耕地土壤单项污染指标限值按照 GB 15618 的规定执行。按照 HJ/T 166 规定的方法，计算土壤单项污染指数和土壤内梅罗污染指数，并按内梅罗指数将耕地清洁程度划分为清洁、尚清洁、轻度污染、中度污染、重度污染。对于轻度污染以上的耕地，实行一票否决，不再进行耕地质量等级划分，计入污染耕地面积。

（五）结果验证

结合耕地质量等级分布图，利用选择典型农户实地调查、专家论证等方式，将评价结果与当地实际情况进行对比分析，验证评价结果与当地实际情况的吻合程度。

（六）结果汇总

填写耕地质量等级及变动表，计算耕地质量加权平均等。

第六节　耕地资源管理信息系统的建立与应用

一、耕地资源管理信息系统总体设计

（一）系统任务

耕地质量管理信息系统的任务在于应用计算机及 GIS 技术、遥感技术，存储、分析和管理耕地质量信息，定量化、自动化地完成耕地质量评价流程，提高耕地资源管理的水平，为耕地资源的高效、可持续利用奠定基础。

（二）系统功能

结合当前的耕地质量分析管理需求，耕地质量分析管理系统应具备的功能如下。

1. 多种形式的耕地质量要素信息的输入/输出功能

支持数字、矢量图形、图像等多种形式的信息输入与输出。主要有：统计资料形式（如耕地质量各要素调查分析数据、社会经济统计数据等）；图形形式（不同时期、不同比例尺的地貌、土壤、土地利用等耕地质量相关专题图等）；图像形式［包括耕地利用实地景观图片、遥感图像等。遥感图像又包括卫（航）片和数字图像 2 种形式］；文献形式（如土壤调查报告、耕地利用专题报告等）；其他形式（其他介质存储的其他系统数据等）。

2. 耕地质量信息的存储及管理功能

存储各类耕地质量信息，实现图形与相应属性信息的连接，进行各类信息的查询及检索。完成统计数据的查询、检索、修改、删除、更新，图形数据的空间查询、检索、显示、数据转换、图幅拼接、坐标转换，以及图像信息的显示与处理等。

3. 多途径的耕地质量分析功能

包括对调查分析数据的统计分析、矢量图形的叠加等空间分析和遥感信息处理分析等功能。

4. 定量化、自动化的耕地质量评价

通过定量化的评价模型与 GIS 的连接，实现从信息输入、评价过程，到评价结果输出的定量化、自动化的耕地质量评价流程。

（三）系统功能模块

采用模块化结构设计，将整个系统按功能逐步由上而下、从抽象到具体，逐层次的分解为具有相对独立功能、又具有一定联系的模块，每一模块可用简便的程序实现具体的、特定功能。各模块可独立运行使用，实现相应的功能，并可根据需要进行方便的连接和删除，从而形成多层次的模块结构，系统模块结构详见图3-2。

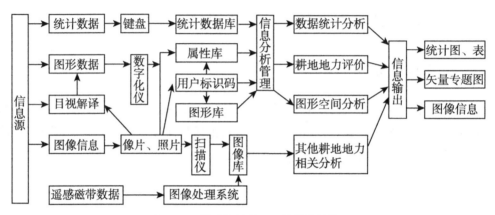

图3-2 耕地资源管理系统模块结构

（1）输入输出模块：完成各类信息的输入及输出。

（2）耕地质量评价模块：完成评价单元划分、参评因素提取及权重确定、评价分等定级等过程，支持进行耕地质量评价。

（3）统计分析模块：完成耕地质量调查统计数据的各种分析。

（4）空间分析模块：对耕地质量及其相关矢量专题图进行分析管理，完成坐标转换、空间信息查询检索、叠加分析等工作。

（5）遥感分析模块：进行遥感图像的几何校正、增强处理、图像分类、差值图像等处理，完成土地利用及其动态、耕地质量信息的遥感分析。

（四）系统应用模型

系统包括评价单元划分、参评因素选取、权重确定及耕地质量等级确定的各类应用模型，支持完成定量化、自动化的整个耕地质量评价过程（图3-3），具体的应用模型是评价单元的划分及评价数据提取模型。

评价单元是土地评价的基本单元，评价单元划分有以土壤类型、土地利用类型等多种方法，但应用较多的是以地貌类型—土壤类型—植被（利用）类型的组合划分方法，耕地质量分析管理系统中耕地质量评价单元的划分采用叠加分析模型，通过土壤、土地

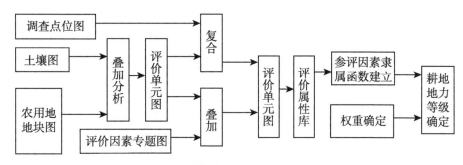

图 3-3 耕地质量评价计算机流程

利用等图幅的叠加自动生成评价单元图。

评价数据的提取是根据数据源的形式采用相应的提取方法，一是采用叠加分析模型，通过评价单元图与各评价因素图的叠加分析，从各专题图上提取评价数据；二是通过复合模型将土地调查点与评价单元图复合，从各调查点相应的调查、分析数据中提取各评价单元信息。

二、资料收集与整理

耕地质量评价是以耕地的各性状要素为基础，因此必须广泛地收集与评价有关的各类自然和社会经济因素资料，为评价工作做好数据准备。本次耕地质量评价收集获取的资料主要包括以下几个方面。

1. 概念型调查资料

成土母质、地貌类型、质地构型、地形部位、田间坡度、地下水埋深、有效土层厚度、耕层厚度、耕层质地、土壤容重、障碍因素、障碍层类型、障碍层深度、障碍层厚度、灌溉能力、灌溉方式、水源类型、排水能力、熟制、常年耕作制、主栽作物名、年产量、生物多样性、农田林网化、盐化类型、盐渍化程度等数据。

2. 室内化验分析资料

包括有机质、全氮、速效氮、全磷、速效磷、速效钾等大量养分含量，钙、镁、硫、硅等中量元素含量，有效锌、有效硼、有效钼、有效铜、有效铁、有效锰等微量养分含量以及 pH 值、土壤污染元素含量等。

3. 社会经济统计资料

以行政区划为基本单位的人口、土地面积、作物及蔬菜瓜果面积以及各类投入产出等社会经济指标数据。

4. 基础图件及专题图件资料

行政区划图、农用地地块图、地貌图、土壤图等。

三、属性数据库的建立

获取的评价资料可分为定量和定性资料两大部分，为了采用定量化的评价方法和自动化的评价手段，减少人为因素的影响，需要对其中的定性因素进行定量化处理，根据因素的级别状况赋予其相应的分值或数值，采用 Microsoft Access 等常规数据库管理软件，以调查点为基本数据库记录，以各耕地质量性状要素数据为基本字段，建立耕地质量基础属性信息数据库，应用该数据库进行耕地质量性状的统计分析，它是耕地质量管理的重要基础数据。

此外，对于土壤养分因素，如有机质、氮、磷、钾、锌、硼、钼等养分数据，首先按照野外实际调查点进行整理，建立以各养分为字段，以调查点为记录的数据库，之后，进行土壤采样点位图与分析数据库的连接，在此基础上对各养分数据进行自动的插值处理，经编辑，自动生成各土壤养分专题图层。将扫描矢量化及插值等处理生成的各类专题图件，在 ArcGIS 软件的支持下，以点、线、区文件的形式进行存储和管理，同时将所有图件统一转换到相同的地理坐标系统，进行图件的叠加等空间操作，各专题图的图斑属性信息通过键盘交互式输入，构成基本专题图的图形数据库。图形库与基础属性库之间通过调查点相互连接。

四、空间数据库的建立

利用耕地资源管理信息系统将农用地地块图、行政区划图和土壤图制作耕地质量评价单元图。将调查点概念型指标使用空间链接将数据赋值给评价单元；利用插值方法将调查点养分数据生成养分插值图，使用空间链接将插值图数据赋值给评价单元，然后将评价单元导入耕地资源管理系统，建立耕地资源管理空间数据库。

五、耕地资源管理信息系统的建立与应用

（一）信息的处理

数据分类及编码是对系统信息进行统一而有效管理的重要依据和手段，为便于耕地质量信息的存储、分析和管理，实现系统数据的输入、存储、更新、检索查询、运算，以及系统间数据的交换和共享，需要对各种数据进行分类和编码。

目前，对于耕地质量分析与管理系统数据尚没有统一的分类和编码标准，在保定市系统数据库建立中则主要借鉴相关的已有分类编码标准，如土壤类型的分类和编码，以及有关土壤养分的级别划分和编码，主要依据第二次土壤普查的有关标准。土地利用类型的划分则采用由全国农业区划委员会制定的土地资源详查划分标准。其他如耕地质量

评价结果、文件统一命名等则考虑应用和管理的方便，制定了统一规范，为信息交换和共享提供了接口。

（二）信息的输入及管理

1. 图形数据的入库与管理

（1）数据整理与输入：为保证数据输入的准确快速，需进行数据输入前的整理。首先需对专题图件进行精确性、完整性、现势性的分析，在此基础上对专题地图的有关内容进行分层处理，根据系统设计要求选取入库要素。图形信息的输入可采用手扶跟踪数字化或扫描矢量化方法，相应的属性数据采用键盘录入。

（2）图形编辑及属性数据联接：数字化的几何图形可能存在悬挂线段、多边形标识点错误和小多边形等错误，利用 ArcGIS 提供的点、线和区属性编辑修改工具，可进行图面的编辑修改、制图综合。对于图层中的每个图形单元均有一个标志码来唯一确定，它既存在位置数据中，又存放在相应的属性文件中，作为属性表的一个关键字段，由此将空间数据和属性数据连接在一起。可分别在数字化过程中以及图形编辑中完成图形标志码的输入，对应标志码添加属性数据信息。

（3）坐标变换：利用县域耕地资源管理系统建立的工作空间进行数据导入，若导入的数据坐标不一致，则矢量数据无法导入，需要在作业过程中把控好点位调查坐标、矢量图件坐标的一致性，统一使用国家大地 2000 坐标体系。对于坐标系统不一致的数据，可使用 ArcGIS 工具进行坐标转换，其中不涉及地理坐标系变换的坐标变换，可直接进行工具转换，对于涉及地理坐标系变换的坐标变换的数据需要利用三参数或七参数法进行修正，参数的获取可咨询当地测绘部门，保密使用。

（4）图形信息的管理：经过对图形信息的输入和处理，分别建立了相应的图形库和属性库。ArcGIS 软件通过点、线和区文件的形式实现对图形的存储管理，可采用 Excel、FoxPro 等直接进行其相应属性数据的操作管理，使操作更加方便和灵活。

2. 统计数据的建库管理

对统计数据内容进行分类，考虑系统有关模块使用统计数据的方便，按照 Microsoft Access 等建库要求建立数据库结构，键盘录入各类统计数据，进行统一的管理。

3. 图像信息的建库管理

以遥感图像分析处理软件 ENVI 进行管理，该软件具有图像的输入/输出、纠正处理、增强处理、图像分类等各种功能，其分析处理结果可以转为 bmp、jpg、tif 等普通图像格式，由此可通过 Photoshop 等与其他景观照片等图像进行统一管理，建立图像库。

(三) 系统软硬件及界面设计

1. 系统硬件

根据耕地质量分析管理的需要，耕地质量分析管理系统的基本硬件配置为：显示器、键盘、数字化仪（A0）、绘图仪（A0）、扫描仪（A0）、打印机等（图3-4）。

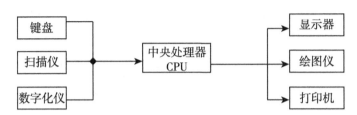

图3-4 耕地质量分析管理系统的基本硬件配置

2. 系统软件

耕地质量分析管理系统的基本操作系统为 Windows 2000 或 Windows XP 系统。考虑基层应用的方便及系统应用，所采用的通用地理信息系统平台是目前应用较为广泛的 ArcGIS，该软件可以满足耕地质量分析及管理的基本需要，且为汉化界面，人机友好。主要利用 ArcGIS 有关模块实现对空间图形的输入/输出、管理、完成有关空间分析操作。遥感图像分析管理采用图像处理 ENVI 软件，完成各类遥感影像的分析处理。采用 VB 语言等编制系统各类应用模型，设计完成系统界面。以数据库管理软件 Microsoft Access 等进行调查统计数据的管理。

3. 系统界面设计

界面是系统与用户间的桥梁。具有美观、灵活和易于理解、操作的界面，对于提高用户使用系统工作效率，充分发挥系统功能有很大作用。耕地质量分析管理系统界面根据系统多层次的模块化结构，主要采用 VB 语言设计编写，以 Windows 为界面。为便于系统的结果演示，则将 VB 与 MO（Map Object）结合，直接调用和查询显示耕地质量的各类分析结果，通过菜单操作完成系统的各种功能[4]。

第四章 耕地土壤属性

第一节 耕地土壤类型

一、土壤类型与分布

全国第二次土壤普查结果显示，保定地区分布有 13 个土类（棕壤、栗钙土、山地草甸土、褐土、石质土、粗骨土、潮土、新积土、风砂土、沼泽土、砂姜黑土、水稻土、盐土）、28 个亚类（棕壤、棕壤性土、褐土、淋溶褐土、石灰性褐土、潮褐土、褐土性土、淡栗钙土、石灰性新积土、流动风砂土、半固定风砂土、固定风砂土、硅铝质石质土、钙质石质土、硅铝质粗骨土、钙质粗骨土、沼泽土、草甸沼泽土、潮土、湿潮土、脱潮土、盐化潮土、山地草甸土、石灰性砂姜黑土、淹育型水稻土、潴育型水稻土、潜育型水稻土、碱化盐土）、118 个土属、301 个土种。随着地下水位下降，耕作条件改善，部分盐碱土、风砂土逐渐减少、消失。

（一）棕壤

棕壤是集中分布在暖温带半干旱、半湿润地区，海拔 800~1 000 m 的山地土壤，分布在褐土或淋溶褐土之上，保定地区棕壤面积约 201.74 万亩，占全市面积的 7.21%，植被为乔木灌木和草被，乔木类型主要有栋树、云杉、桦树、椴树、油松、六道木、山杨等。草被主要有莎草、卷柏、苔藓等。土壤 pH 值 6.5 左右，无石灰反应。棕壤主要有以下特征。

（1）表层有枯枝落叶层 1~3 cm，其下为厚度不一的棕灰色腐殖质层，潮湿而有弹性，屑粒状结构，以灰棕色层逐渐向下过渡。

（2）棕色黏化层：上层腐殖层水分饱和，有机质嫌气分解，促使土壤铁锰还原；溶水下淋，至心土层，通气状况转好，铁锰重新氧化，水把土粒染成棕色。表层下移的黏粒，加上心土原地黏化，形成既棕又黏的特定层次。

（3）脱钙酸化：水分淋溶及林被残落物嫌气分解产生有机酸，促使土体钙质淋脱，盐基转为不饱和。通体无石灰反应。

（4）母岩层：棕壤土层一般30~40 cm，土层达到1m的很少，在30~40 cm以下即出现半风化母岩。

棕壤的主要亚类分为棕壤亚类和棕壤性土亚类。

（二）褐土

褐土分布在半干旱半湿润、半淋溶条件下，是经过地带性成土过程形成的土类。在垂直带谱中出现于棕壤之下，是保定地区主要的土壤之一，面积约1 346.57万亩，占总面积的48.12%。主要分布在西部太行山海拔700~1 000 m的低山丘陵及山麓高原地带，植被多为旱生阔叶林及灌木、草本植被，酸枣、荆条为褐土的重要指示植被，另外还有铁杆蒿、委陵菜、野草木犀等。褐土所处地势较高，排水良好，地下水埋深4~6 m，成土母质多属各种含碳酸盐物质，一般均有不同程度的石灰性反应。褐土的主要特征如下：

（1）褐土绝大部分为耕种土壤，耕作层有机质含量1%左右。灰棕色，粒屑结构，疏松多孔。犁底层厚约10 cm，层状片状结构，比较紧实。

（2）褐色黏化层：促进风化和黏粒形成，上层黏粒轻度下移，剖面中有黏化层。内外排水良好，铁锰充分氧化，土粒覆有铁膜，颜色鲜艳，以棕褐色为主。呈核状块状结构，沿结构面有不明显的胶膜。

（3）钙积层：褐土母质多为含碳酸盐物质。在半淋溶条件下，土体钙质淋溶淀积。具有轻重不同的石灰反应。以假菌丝体、斑点或砂姜形成淀积钙质。土壤呈中性至微碱性，pH值为7~8。

褐土类包括褐土、淋溶褐土、石灰性褐土、潮褐土、褐土性土5个亚类。

（三）栗钙土

栗钙土主要分布在暖温带半干旱中山顶部避风处，在保定地区的分布面积很小，只有0.004 7万亩，仅在涞源县与蔚县交界处有小面积分布。成土母质为黄土状物质，土层深厚，主要植被有针茅、杠柳、铁杆蒿。pH值在7.8左右，全剖面有石灰反应。

（四）新积土

新积土主要分布在沿河流两侧的河漫滩，地势比较起伏，成土母质为新近的河流沉积物，一般有稀疏的草被生长，在雨季、河水暴涨时，常常被水淹没。剖面中没有发生层次，通体多为砂质，土层深厚，土层底部带夹杂一些大小不等的卵石，pH值在8.5左右。

（五）风砂土

风砂土主要分布于河流两岸和原来的古河道附近、无植物生长或生长很少，有随风流动的特征。剖面发育不明显或没有发育，通体是细砂或砂土，绝大部分的风砂土，已被利用植树养草，有的作为农田，宜种花生、甘薯等。共有风砂土土壤约11.36万亩，占总面积的0.41%。

（六）石质土

主要分布在低山丘陵的山坡地，土层极薄，一般的土层厚6~15 cm，砾石含量大于30%，植被很稀疏，水土流土严重。保定地区石质土的面积约为67.87万亩，占总面积的2.43%。石质土划分为2个亚类：硅铝质石质土和钙质石质土。

（七）粗骨土

粗骨土主要分布在山区的山坡地上，多砾粗骨薄层，一般土层厚度15 cm左右，砾质大于10%~30%。土层侵蚀严重，在薄层下，为不同厚度的风化岩层，均为松散的碎屑层。粗骨土在保定地区的山区县均有分布，面积约为491.53万亩，占总面积的17.57%。在改良利用上，宜发展小灌木和种植草类，防止水土流失。禁止开荒耕种。根据岩性风化的母质不同划分为2个亚类：硅铝质粗骨土和钙质粗骨土。

（八）沼泽土

沼泽土主要分布于安新县白洋淀周边、曲阳县沿河洼地以及阜平县常年积水的洼地和王快水库上游王林口、平阳、北果园乡的滞水洼地，地势低洼，无排水出路，每年有1~6个月的季节性地面积水时间，地下水位在旱季临近地表或在0.5~1 m。汪泥汪水，土质黏重，水分过多，通气不良，有机质积累多，潜育化作用强烈。剖面特征：表层为有机物丰富的腐泥层，腐泥层以下为灰蓝色的潜育层，生长喜湿植物芦苇、蒲草、三棱草等。沼泽土的面积约20.94万亩，占总面积的0.75%。

沼泽土的形成过程，包括土壤表层有机质的泥炭化或腐殖化和土壤下层的潜育化2个基本过程。

（1）泥炭层：在潮湿积水条件下，沼泽植被生长繁茂，可累积大量的有机质，同时在土壤过湿或积水条件下，土壤微生物活动受到抑制，有机质不能充分分解，而以粗有机质和半腐有机质形式累积于地表，形成泥炭层。沼泽植物一代代的死亡过程，即是泥炭层的累积过程。

（2）潜育层：土壤矿质的潜育化过程也是在嫌气环境中进行的。由于还原作用，致使氧化铁变为氧化亚铁，但由于水分状况不同，氧化亚铁的动态也有差异。由于地下水位升降与干湿交替，氧化亚铁可随毛管上升，并氧化成氧化铁，以斑点状、细条状或大块状形式存在，这一层称为氧化还原层。在长期积水或经常过度湿润的条件下，土壤溶液中的亚铁离子与土壤液体中的二氧化硅和氧化铝发生反应，形成含氧化亚铁的次生铁铝硅酸盐，呈浅绿色或淡青色，致使土壤的矿物质部分变成灰白色或蓝灰色，这一层称为潜育层。

沼泽土分为 2 个亚类：一是沼泽土，二是草甸沼泽土。

（九）潮土

潮土是直接发育在河流沉积物上，经耕种熟化形成的半水成土壤。主要分布在京广线以东的冲积平原地区，母质为近代河流冲积物，地势平坦，地下水埋藏深度 2~3 m，地下水直接参与成土过程。由于大规模治理海河的水利工程，疏通河道，增加了泄洪量，加上人为地大量开采地下水以及气候水文的影响，潮土自然植被很少，除农作物外，杨、柳、榆、槐、椿树等为其乡土树种，主要天然作物有画眉草、车前子、稗子等。潮土在保定地区约有 630.24 万亩，占总面积的 22.52%。

保定地区有 36.27 万亩盐化潮土，由于地下水大幅度下降，表层土和心土层已经脱离地下水的影响，再加上近十几年的精耕细作、合理灌溉、增施有机肥等措施，盐化潮土已向脱盐化潮土转化，重度盐碱地已变为轻度盐碱地，如高阳县尖窝乡东河村南。潮土的土层排列层次明显，通体石灰反应比较强，表土灰棕色，心土层常见锈纹锈斑，底土层有小铁子及铁锰结核，底土层暗灰色，表现出潜育化特征。

潮土是直接发育在河流沉积物上，多属河流冲积母质，剖面质地变化比较复杂，或通体砂壤，或砂黏相间，有"一步三换"之说，主要是受河流的影响。地形平坦，排水欠通畅，地下水位较高，一般为 2~3 m，地下水可借毛管作用上升到地表，地下水参与成土过程。雨季时，地面水分增加，大部分渗流地下，因而抬高地下水埋深，但雨季过后，地下水位又逐渐降低。冬季降雪稀少，春季气温增高而蒸发加快，所以到翌年雨季来临之前，地下水位降至最低。由于地下水升降频繁，氧化还原作用交替进行，使土壤中物质的溶解、移动和淀积，在土体中形成锈纹、锈斑、铁子、铁锰结核、砂姜等。

潮土划分为 4 个亚类：潮土、湿潮土、脱潮土、盐化潮土。

（十）山地草甸土

山地草甸土主要分布在阜平县西部山区的白草坨、南坨、石头山和涞源县西北部的苗家庄、南坡底中高山林线以上平缓顶部。坡度较小，母质以基性岩类、酸性岩类、碳酸盐岩类的风化物为主。海拔高度1 950 m以上。面积约1.00万亩，占总土壤面积的0.035 8%。寒冻漫长，每年冰雪封冻6~7个月，无霜期不足百日。夏短湿润。年降水量654.9 mm左右，集中在6—8月。雨热同季，百草繁茂。高寒平台多风限制了林木生长，有利于草类发展。土壤一般无侵蚀，土层多为中厚层，以30~60 cm较多。全剖面层次过渡明显。

山地草甸土的主要特征如下：

（1）草毡—有机质层。表层草毡厚度5~10 cm，半腐海绵状，潮湿多水。中层灰黑色腐殖质层团粒结构。向下层过渡明显。

（2）土体中的钙质淋溶得比较彻底，通体无石灰反应。土体微度酸化。pH值6.5左右。

（3）风化过程较弱。土层厚度不足1 m，土体中央杂少量砾石。此类土壤草被茂密，适于放牧，是天然的牧场。

山地草甸土土类只划分1个亚类，按岩性划分为酸性岩类、碳酸盐岩类、基性岩类3个土属。

（十一）砂姜黑土

砂姜黑土主要分布在容城县、安新县、徐水区、高碑店市、定兴县、博野县冲积扇的扇缘洼地。面积约10.64万亩，占总面积的0.38%。砂姜黑土区地下水埋藏较浅，一般在2~3 m，雨季接近心土或亚表层，遇暴雨常发生沥涝。地下水矿化度多大于1 g/L，属钙镁型。该区是保定市地势低洼、排水不良区，也是常发生沥涝的地方。

（1）砂姜黑土的特征：砂姜黑土是过去的草甸沼泽土，在自然及人为因素影响下，排水变好或地下水下降，脱沼泽化而成。在草甸沼泽时期，受地表水、地下水及草甸沼泽植被影响下，形成沼泽化生草层，后期在其上又覆盖了新的沉积层。其心底土则因地下水的升降影响，在氧化还原交替作用下，导致铁锰等物质的溶解、移动和淀积。出现大量的锈纹锈斑和铁锰结核。其潜育化过程比较明显。接近地下水处碳酸钙升降淀积形成砂姜，有的零星分布，但大多数都成层。这不仅是上层碳酸盐的淋淀结果，也是含钙地下水升降作用的结果。

（2）砂姜黑土可概括为3个层次：表层为覆盖层（包括耕层、犁底层），心土为埋藏的脱沼泽层，心土层以下为灰白色的砂姜层，该层多为棕灰色到灰棕色。石灰反应比较强烈，微碱性反应。脱沼泽层，灰黑色，中壤—重壤质，结构是粒状，夹有铁锰结核及螺壳。该层石灰反应较弱，有机质含量并不高。砂姜层，灰白色透水性差，砂姜层质地多为轻壤质，如为重壤质，则透水性更差，为严重的障碍层。该层受地下水影响强烈，锈纹锈斑很多，并与砂姜形成灰、白、黄三色的特殊土层，紧实，透水性差。

（3）砂姜层地势低洼，易造成沥涝。砂姜层和胶泥层隔水，地下水不能及时供给耕层，加之耕层抗旱保墒能力差，易受旱。地势低洼，地下水浅，地下水矿化度偏高，易造成春季返盐。

砂姜黑土只有1个亚类为石灰性砂姜黑土。

（十二）水稻土

水稻土主要分布在涿州市、唐县、易县、曲阳县、安新县、阜平县的各类洼地，多是零星分布，面积约为10.42万亩，占总面积的0.37%，以涿州市、安新县的老稻区最为有名，面积比较大，种植年限长，特别是涿州市的百尺竿稻地，种稻历史达1 300多年。

水稻土所处的地形多为扇缘洼地、交接洼地及沿河洼地，排水较差，地下水埋藏较浅，一般在1 m左右，原土壤多为湿潮土、草甸沼泽土及潮土等，有一定的沥涝。种稻后有一定的水源和灌排条件，不致沥涝，但对土壤的潜育化有影响。

水稻土是非地带性土壤类型，是在长期种植水稻，水耕水作熟化的土壤。在水稻生长期间，土壤以还原态为主，灌水后耕作层及犁底层的上部处于水分饱和状态，耕层与大气之间为水分所隔，有机质的嫌气分解导致土壤发生还原作用，整个耕层处于还原状态。但犁底层有滞水作用，因能保护心土层水分不饱和，而有一定比例的空隙，使土壤处于氧化状态。这种表层还原下层氧化的状态，为铁锰的还原淋溶和氧化淀积创造了条件。铁锰活化迁移到心土层形成大量的锈纹锈斑，和灰蓝色的潜育层，这是水稻土的主要特征。

根据地下水位的深浅和潜育层出现的部位高低，划分为3个亚类、12个土属。

（十三）盐化土

盐化土主要分布在雄县的低平洼地，多与盐化潮土呈复区分布，面积约0.20万亩，占总面积的0.01%。地表或整个土体含有大量可溶性盐类，一般作物已不能生长，表层土壤含盐量在1%以上，主要自然植物有碱蓬等。地下水矿化度为5~9 g/L，碱化度一般在5%~8%，pH值为9.3~10.0，积盐季节地表有暗棕色厚1~2 cm，较坚硬的薄片状结皮，形似瓦片，质地以轻壤质为主，肥力极低。

盐化土只有1个亚类，为碱化盐土。

二、各县市主要土壤类型

保定市各县（市、区）主要拥有的土壤类型[5]详见表4-1。

表 4-1　保定市各区县主要土壤类型

名称	主要土壤类型			名称	主要土壤类型		
满城区	褐土	潮土		易县	褐土	草甸土	
清苑区	潮土	褐土		曲阳县	褐土	潮土	
徐水区	褐土	潮土		蠡县	褐土	潮土	
涞水县	褐土	潮土	草甸土	顺平县	褐土	潮土	
阜平县	褐土	草甸土	棕壤	博野县	褐土	潮土	
定兴县	褐土	潮土		雄县	潮土	褐土	水稻土
唐县	褐土	水稻土		涿州市	褐土	潮土	水稻土
高阳县	潮土			安国市	褐土	潮土	
容城县	潮土	褐土		高碑店市	潮土	褐土	
涞源县	褐土	草甸土	棕壤	安新县	潮土	沼泽土	水稻土
望都县	褐土	潮土		定州市	褐土	潮土	

第二节　主要土壤亚类

一、棕壤亚类

棕壤亚类的特征，按母质类型划分，主要根据土层厚度砾石含量及有机质层厚度来划分，棕壤面积约 139.20 万亩，占总面积的 4.98%。一般棕壤的土层厚度均大于 30 cm，砾石含量＜10%多为少砾质，但有少数为多砾质，大多数都有厚薄不等的有机质层。林被和草被生长比较好，多为阴坡。棕壤亚类划分为 5 个土属。

二、棕壤性土

棕壤性土面积约为 62.53 万亩，占总面积的 2.23%。棕壤性土的特征是植被遭破坏，水土流失严重，一般的表层没有腐殖层。土层较薄，多为 19~28 cm，砾石含量一般大于 10%，为多砾质，石多土少，发育层次不明显。

棕壤性土的发展途径是综合利用，以林果为主。加强现有林地的保护和管理，做好大片荒山育林育草工作，在有利于水土保持的前提下，实行林业、牧业、农业统一规划，合理布局。根据岩性不同类型划分为 3 个土属。

三、褐土亚类

褐土面积约为 35.90 万亩，占总面积的 1.29%。主要分布在丘陵及山麓平原地带。表层及心土层的碳酸钙已被淋失，无石灰反应或石灰反应微弱，底土层有石灰淀积，pH 值 7~8。褐土亚类划分为 7 个土属。

四、淋溶褐土

淋溶褐土分布于棕壤之下。褐土带的上部，面积约 299.07 万亩，占总面积的 10.69%，气候较湿润，自然植被多为针阔混交林，有油松、山杨等，林下有胡枝子、绣线菊等。淋溶作用较强，石灰已被淋失，无钙积层，pH 值 6.5~7.5，不同岩石类型的残坡积物，黄土物质母质等划分为 6 个土属。

五、石灰性褐土

石灰性褐土分布于保定市西部太行山丘陵岗坡及山麓平原，面积约 398.70 万亩，占总面积的 14.25%。发育于黄土母质、洪冲积物母质、冲积物母质及石灰岩等岩石风化物。全剖面都有石灰反应，石灰含量表层大于 2.5%，底层 3%~10%，pH 值为 7.5~8.5。主要植被有白羊草、酸枣、荆条等，心土层和底土层有假菌丝体，土体颜色鲜艳呈褐色，表层质地多为轻壤宜耕种，是保定市主要的粮棉生产基地。生产主要问题是用养结合，培肥地力，解决高产稳产中的因土施肥、科学用水、科学管理问题。石灰性褐土划分为 12 个土属。

六、潮褐土

潮褐土主要分布于山麓平原的末端，地势较低、地下水埋深 3~4 m，面积约 436.40 万亩，占总面积的 15.60%。发育于洪冲积物母质、冲积物母质。土层深厚，表层质地多为轻壤，心土层由于黏粒下移质地较黏重，多为中壤质，心土层中有假菌丝体，底土层因受地下水的影响，有锈纹锈斑、铁子及砂姜等。因土壤质地较轻、通透性强、耕性好、宜耕期长，各种养分含量比较低，是保定地区的很重要的粮棉生产基地。应注意增施有机肥，扩大秸秆还田，培肥地力。潮褐土划分为 11 个土属。

七、褐土性土

褐土性土主要分布于低山丘陵以及荒滩地上，面积为约 176.41 万亩，占总面积的 6.30%。因水土流失，表土被蚀，一般土层厚度小于 30 cm，土层砾石含量小于 10%，土层厚度大于 30 cm 的土层，砾石含量一般大于 10%，底土或岩石风化残积母质裸露，无褐土的剖面特征，为褐土发育的初期阶段。根据成土母质，褐土性土亚类分为基性硅铝质残坡积物、酸性硅铝质残坡积物、泥硅铝质残坡积物、硅质残坡积物、钙质残坡积物、砂壤质洪冲积物和砂壤质冲积物 7 个土属。

八、淡栗钙土

淡栗钙土土层深厚，土层中没有砾石，质地为砂壤，土壤颜色暗灰棕—棕黄色，植被以禾本科草类和半灌木为主，植被覆盖度达到 60%以上，在改良利用方面，以造林养草为主，防止水土流失。淡栗钙土仅有 1 个土属。

九、石灰性新积土

石灰性新积土的主要特征，同土类。全剖面具有石灰反应。石灰性新积土仅有 1 个砂质冲积物土属。

十、流动风砂土

流动风砂土主要分布在潴龙河两岸，成土母质为砂质风积物，植被很稀疏，通体细砂或砂土，能随风流动。对农田危害很大，春季大风刮起，砂土常常把附近种的作物埋住，这种土壤应实行植草、植树防风固沙，发展畜牧业。保定地区有流动风砂土约 0.58 万亩，占总面积的 0.02%。

十一、半固定风砂土

半固定风砂土主要分布在博野县、易县、涿州市的沿河流两岸，地势比较起伏。面积约 2.36 万亩，占总面积的 0.08%。半固定风砂土，一般都生长着比较稀疏的植被，地表有薄土层覆盖，大风仍能吹移部分砂土，剖面略有发育。土层深厚，通体都是砂质，在改良利用上以植树养草为主，可适当种植些花生、甘薯等作物。

十二、固定风砂土

固定风砂土主要分布在河流两岸的缓岗，地势起伏。面积约 8.43 万亩，占总面积的 0.30%。通体砂土，绝大部分都有树木生长，草被也比较好，表层土壤不再被风吹移。剖面有一定的发育，表层有机质含量，比半固定风砂土高，一般约 0.35%。在利用上，应继续植树造林，可发展林果生产，在行间可种植绿肥，翻压后，增加土壤的有机质含量，改善土壤的理化性状。

十三、硅铝质石质土

硅铝质石质土主要分布在低山丘陵的山坡地。土层比较薄，砾石含量均大于 30%，特点是土少石砾多，植被生长的很差，水土流失严重。硅铝质石质土面积约 36.36 万亩，占总面积的 1.30%。根据岩性母质的不同，划分为 2 个土属。

十四、钙质石质土

钙质石质土主要分布在丘陵坡地上，土层较薄，仅 1 cm 左右，表层土砾石含量大于30%~70%，植被以白草、酸枣、荆条为主，但比较稀疏，水土流失严重，要封山育草，绿化荒山，发展畜牧业。面积约为31.51万亩，占总面积的1.13%。钙质石质土划分为1个土属。

十五、硅铝质粗骨土

硅铝质粗骨土主要分布在山区的岗丘和山坡地，成土母质为花岗片麻岩和页岩的残坡积物，土层厚度12~15 cm，砾质含量大于10%。土层侵蚀严重。面积约361.37万亩，占总面积的12.91%。应封山育草，防止水土流失。硅铝质粗骨土划分为3个土属。

十六、钙质粗骨土

钙质粗骨土主要分布在满城区、唐县、涞水县、阜平县、易县、曲阳县、徐水区的低山丘陵山坡上。面积约130.16万亩，占总面积的4.65%。成土母质为石灰岩残坡积物，一般土层厚15 cm左右，砾石含量大于10%。质地为轻壤，主要特点是植被稀疏、坡陡沟深、水土流失严重。适于封山植树养草，发展牧业。钙质粗骨土划分为1个土属。

十七、沼泽土

沼泽土主要分布于安新县白洋淀周边，以及阜平县、曲阳县的低洼地、地表长期积水、植被为沼泽植物或水生杂类草。全剖面有潜育特征。表层为有机质层，草根较多，有机质层以下为灰蓝色的潜育层。土体内有锈纹锈斑、铁子及铁锰结核，土色暗灰棕，湖相沉积的质地黏重，河流冲积的质地多为砂壤，pH值为8.1~8.5。适宜发展芦苇、蒲草。面积约1.17万亩，占总面积的0.04%。沼泽土划分为2个土属。

十八、草甸沼泽土

草甸沼泽土主要分布于安新县沼泽土的外围，所处地形部位较高，地面积水时间较短1~2个月，雨季地下水位接近地面，土壤经常为水所饱和，潜育过程十分明显，剖面中有灰蓝色和黑色腐泥。表层为草根或粗腐殖质层，有粒状或鱼卵状结构。由于成土母质绝大部分是湖相沉积物，所以质地都比较黏重、通透性不良，一般作物产量都不高。有草甸沼泽土约19.77万亩，占总面积的0.71%。草甸沼泽土划分为5个土属。

十九、潮土

潮土主要分布于冲积平原地下水较好的地带，剖面特征同土类。保定全区约有

520.85 万亩，占总面积的 18.61%。潮土划分为 23 个土属。

二十、湿潮土

湿潮土主要分布于洼淀周边及低洼地区，地势低平。面积约 2.64 万亩，占总面积的 0.09%，雨季来水易而走水难、土壤内外排水不良。雨季临时滞水，旱季地面排干而地下水位较浅，埋藏深度 1 m 左右，生长喜湿植物。旱季为地下水作用下的潮土过程，是主导过程，雨季地面积水，进行还原过程，为辅助过程。整个剖面土色灰暗，质地较黏重，土体中锈纹锈斑较多，底土有蓝灰色潜育层。湿潮土亚类划分为 2 个土属。

二十一、脱潮土

脱潮土主要分布于冲积平原中地形部位较高的缓岗地带，地下水位低 5~6 m，上层土壤脱离地下水作用，内外排水较好。成土过程向褐土方向发展。土壤颜色比原来的潮土鲜艳，有黏粒下移现象。在心土层出现假菌丝体，在底土层有锈纹锈斑，具有初期褐土特征。面积约 7.21 万亩，占总面积的 0.26%。脱潮土亚类划分为 3 个土属。

二十二、盐化潮土

盐化潮土主要分布于冲积平原的低洼地，地下水位较高，旱季埋藏深度 2~3 m，地下水矿化度一般在 2 g/L 以上。在地表有不同程度的积盐。全区约有 99.55 万亩盐碱地，占总面积的 3.56%。都能种植作物，但产量很低，通过治碱、改碱增产潜力很大。盐化潮土划分为 4 个土属。

二十三、山地草甸土

山地草甸土主要分布在阜平县和涞源县的中高山上的缓坡、山顶部和分水岭，草被茂密适于放牧，是天然的牧场。土层深厚、质地适中，含有少量砾石，通体无石灰反应，土壤微酸性，pH 值在 6.5 左右。面积约 1.00 万亩，占总面积的 0.04%。山地草甸土划分为 3 个土属。

二十四、石灰性砂姜黑土

石灰性砂姜黑土主要分布在容城县、徐水区、安新县、定兴县、高碑店市、博野县冲积扇的扇缘洼地，面积约 10.64 万亩，占总面积的 0.38%。表层质地轻壤，灰棕色，在 38 cm 出现脱沼泽层，灰黑色，质地黏重，粒状结构。在 80 cm 出现砂姜层，灰白色，透水性差。低洼易涝，易旱、易造成春季返盐。各种养分含量属于中下偏低水平。

石灰性砂姜黑土划分为 1 个土属。

二十五、淹育型水稻土

淹育型水稻土主要分布平原中地势较高的地区及丘陵缓坡地上，地下水位在 1 m 以下，潜育层较低，面积约 2.67 万亩，占总面积的 0.10%。由于地下水位较低，上层土壤受地下水的影响小，有季节性积水，耕作层有锈纹锈斑，潜育化现象不十分明显。多为种稻年限较短的土壤。根据母质类型和质地粗细划分为 5 个土属。

二十六、潴育型水稻土

潴育型水稻土主要分布在扇间洼地、河间洼地或河漫滩洼地，面积约 6.60 万亩，占总面积的 0.23%。种稻历史比较悠久，主要分布在涿州市、唐县、易县。母质多为冲积物及洪冲积物。大部分为一年一熟的水稻田，大都有较稳定的水源，因种稻历史较久，形成水稻土的剖面也较明显。潴育型水稻土多为湿潮土及潮土，土壤肥力较高，生产比较稳定。潴育型水稻土划分为 3 个土属。

二十七、潜育型水稻土

潜育型水稻土主要分布在扇缘洼地及河漫滩洼地，面积约 1.15 万亩，占总面积的 0.04%。地势比潴育型水稻土更低洼，地下水多浅于 0.5~1.0 m。受浅层影响还原作用较强，亚表土以下几乎常年为水分所饱和。土色以暗灰色为主。耕层松软，有根锈，表层多为砂壤质。少部分为黏质。心土层即为蓝灰色潜育层。各种养分含量属于中下偏低水平，提高产量的关键是增施有机肥，配合氮磷肥的施用。由于多为通体砂壤质，保肥性能差，在施肥上，掌握少量多次的原则，减少肥分的漏失。根据母质类型划分为 4 个土属。

二十八、碱化盐土

碱化盐土主要分布在雄县双营乡的低平洼地，面积约 0.20 万亩，占总面积的0.01%。多与盐化潮土呈复区分布，旱季土体盐分含量上多下少，呈"T"字形分布，表层土壤含盐量在 1.53%，多是零星分布，各种养分含量属于中下偏低水平。适宜种植耐盐碱的作物如碱蓬[6]。碱化盐土划分为 1 个土属。

第三节　耕地土壤养分状况与分级

在自然土壤中，土壤养分主要来源于土壤矿物质和土壤有机质，其次是大气降水和地下水。在耕作土壤中，它还来源于施肥和灌溉。在土壤养分是由土壤提供的植物生长所必需的营养元素。土壤中能直接或经转化后被植物根系吸收的矿质营养成分，包括氮、磷、钾、钙、镁、硫、铁、硼、钼、锌、锰、铜和氯 13 种元素。根据作物对它们的需要量可以将其划分为大量元素、中量元素和微量元素 3 类[7,8]。

根据植物对营养元素吸收利用的难易程度，分为速效性养分和迟效性养分[8]。一般来说，速效养分仅占很少部分，不足全量的 1%，应注意的是速效养分和迟效养分的划分是相对的，二者总处于动态平衡中。

微量元素是指某些元素尽管作物对它的需要量很少，但却与大量元素、中量元素同样重要，缺一不可；缺少某一种微量元素，即使施用再多的大量元素，也达不到增产效果。微量元素包括锌、锰、铁、铜、钼、氯等。本节主要针对保定市土壤有效锌、锰、铁、铜、硫、硼 6 种中微量元素进行分析，这些元素对耕地质量和环境质量均起着重要的作用。

一、土壤 pH 值

土壤酸碱度对土壤肥力及植物生长影响很大，我国北方土壤 pH 值偏高，南方红壤 pH 值偏低。土壤酸碱度对养分的有效性影响很大，如中性土壤中磷的有效性大，碱性土壤中微量元素（锰、铜、锌等）的有效性差。

保定市耕层土壤 pH 值多为微碱性，数据显示平均为 8.15，变化幅度在 6.26 ~ 9.01，适合各种作物生长。

由于近 20 年来化肥用量增加，有机肥较少，造成土壤偏碱、板结，部分地区出现次生盐渍化，pH 值升高。为此，降低土壤 pH 值、增施有机肥、种植绿肥也是保定市土壤改良的措施之一。

全市 pH 值平均含量 8.15。按照第二次土壤普查有机质分级标准，全市耕地土壤 pH 值含量多处于碱性，占总量 98.77%。土壤酸碱度一般可分为 7 级（表 4-2）。

表 4-2　土壤酸碱度分级标准

项目	pH 值						
	<4.5	4.5~5.5	5.5~6.5	6.5~7.5	7.5~8.5	8.5~9.5	>9.5
级别	极强酸性	强酸性	酸性	中性	碱性	强碱性	极强碱性
土样点数（个）	—	—	1	10	784	95	—
占总点数比例（%）	—	—	0.11	1.12	88.09	10.68	—

二、土壤有机质

土壤有机质是衡量土壤肥力的重要指标之一，它是土壤的重要组成部分，不仅是植物营养的重要来源，也是微生物生活和活动的能源。与土壤的发生演变、肥力水平和许多属性都有密切关系，而且对于土壤结构的形成、熟化、改善土壤物理性质、调节水肥气热状况也起着重要作用。土壤有机质含量直接影响和制约土壤结构形成及通气性、渗透性、缓冲性、交换性能和保水保肥性能，是评价耕地质量的重要指标。对耕作土壤来说，增施各种有机肥，实行秸秆还田，保持和提高土壤有机质含量，是培肥土壤的重要环节。

（一）耕层土壤有机质含量

经过对耕层土样的化验分析，有机质平均含量为 17.33 g/kg，变化幅度在 4.15～32.70 g/kg，92.92% 的测试点含量超过 10 g/kg。最高的是望都县，平均含量 22.20 g/kg，其次是涞水县，平均含量 21.69 g/kg，最低的是雄县，平均含量 13.34 g/kg。保定市土壤有机质平均含量范围及分布见表 4-3。

表 4-3　保定市土壤有机质平均含量范围及分布

县（区、市）	有机质（g/kg）		
	最大值	最小值	平均值
安国市	26.78	4.15	17.55
安新县	28.99	12.97	20.39
博野县	23.32	9.49	15.37
定兴县	29.92	11.11	17.45
阜平县	32.70	8.93	20.17
高碑店市	27.16	9.59	17.35
高阳县	27.99	5.48	14.41
涞水县	32.70	15.80	21.69
涞源县	32.70	7.02	16.41
蠡县	30.06	7.90	18.15
满城区	27.24	8.02	17.08
清苑区	26.74	6.01	16.93
曲阳县	31.17	5.55	17.35

（续表）

县（区、市）	有机质（g/kg）		
	最大值	最小值	平均值
容城县	22.88	9.04	16.03
顺平县	24.28	5.49	14.19
唐县	23.42	4.31	13.52
望都县	27.98	15.39	22.20
雄县	25.80	4.46	13.34
徐水区	31.12	8.99	18.47
易县	22.15	9.42	15.69
涿州市	29.70	8.63	18.07
定州市	31.03	9.84	18.98
全市	32.70	4.15	17.33

（二）耕层土壤有机质分级及比例

全市有机质平均含量17.33 g/kg。按照第二次土壤普查有机质分级标准，全市耕地土壤有机质含量多处于3级水平，占总量的64.04%。有机质含量分级及比例见表4-4。

表4-4　耕层有机质含量分级及比例

项目	级别				
	1级	2级	3级	4级	5级
范围（g/kg）	>30	20~30	10~20	6~10	<6
土样点数（个）	13	244	570	55	8
占总点数比例（%）	1.46	27.42	64.04	6.18	0.9

（三）耕层土壤有机质时空变异

保定市在第二次全国土壤普查时，有机质加权平均值12.3 g/kg，变化幅度在3~143.7 g/kg，相当于国家标准的4、5两级（6~20 g/kg）占总面积的89%。与第二次土壤普查相比，保定市有机质平均含量增至17.33 g/kg，增加了40.88%。土壤有机质含量在2、3级（10~30 g/kg）所占比例高达91.46%，4、5两级占比下降到了7.08%，土壤中有机质含量明显增多。耕层有机质含量变化见图4-1。

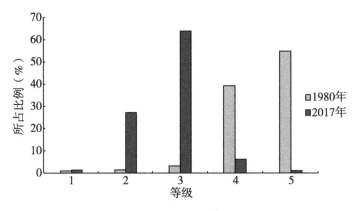

图4-1 耕层有机质含量变化

土壤有机质的含量取决于土壤有机质的年积累量和年矿化量的相对大小，当生成量大于矿化量时，有机质含量会逐步增加，反之，将会逐步降低。土壤有机质的矿化量主要受土壤温度、湿度、通气状况、有机质含量等因素影响。一般来说，土壤温度低、通气性差、湿度大时，土壤有机质矿化量较低；相反，土壤温度高、通气性好、湿度适中时则有利于土壤有机质的矿化。

农业生产中应注意创造条件，减少土壤有机质矿化量。增加有机物质施入量是人为增加土壤有机质含量的主要途径。其方法主要有秸秆还田、增施有机肥、施用有机无机复混肥3个方面。

三、土壤中的氮素

氮是植物生长必需的营养元素，它与植物产量和品质的关系很大。土壤中氮素含量受自然因素如母质、植被、温度和降水量等影响，同时也受人为因素如利用方式、耕作、施肥及灌溉等措施的影响。耕地土壤氮素含量除受到自然因素的影响外，更强烈地受到人为耕作施肥等因素的影响。

土壤全氮含量是衡量土壤氮素的基础肥力，与作物生长密切的是有效态氮。土壤有效氮也称土壤水解性氮或土壤碱解氮，包括无机态氮和部分有机物质中易分解的比较简单的有机态氮，是铵态氮、硝态氮、氨基酸、酰胺和易水解的蛋白质氮的总和。它能更确切地反映出近期内土壤的供氮水平。

（一）耕层土壤全氮含量

经过对耕层土壤样本进行分析，保定市耕层土壤全氮平均含量为 1.05 g/kg，变化幅度在 0.25~2.01 g/kg；最高的是安新县、蠡县，平均含量为 1.33 g/kg；其次是望都县，平均含量为 1.27 g/kg；最低的是曲阳县，为 0.77 g/kg。保定市土壤全氮平均含量范围及分布见表4-5。

表4-5 保定市土壤全氮平均含量范围及分布

县（区、市）	全氮（g/kg）		
	最大值	最小值	平均值
安国市	1.87	0.32	1.18
安新县	1.78	0.75	1.33
博野县	1.49	0.61	0.99
定兴县	2.01	0.67	1.15
阜平县	2.01	0.41	1.18
高碑店市	1.56	0.62	0.96
高阳县	1.59	0.44	0.83
涞水县	2.01	0.76	1.22
涞源县	1.91	0.40	1.03
蠡县	2.01	0.68	1.33
满城区	1.75	0.55	1.09
清苑区	1.53	0.39	0.99
曲阳县	1.25	0.25	0.77
容城县	1.38	0.45	0.91
顺平县	1.59	0.42	0.95
唐县	1.39	0.36	0.86
望都县	1.72	0.91	1.27
雄县	1.55	0.28	0.78
徐水区	1.84	0.58	1.10
易县	1.48	0.68	1.02
涿州市	1.74	0.58	1.04
定州市	1.80	0.44	1.16
全市	2.01	0.25	1.05

（二）耕层土壤全氮分级及比例

全市耕层土壤全氮平均含量为 1.05 g/kg。按照耕层土壤全氮分级标准，全市耕地土壤全氮含量多处于3级水平，占总的48.76%。耕层土壤全氮含量分级及比例见表4-6。

表4-6 耕层土壤全氮含量分级及比例

项目	级别					
	1级	2级	3级	4级	5级	6级
全氮（g/kg）	>2	1.5~2	1~1.5	0.75~1	0.5~0.75	<0.5
土样点数（个）	4	70	434	228	120	34
占总点数比例（%）	0.45	7.87	48.76	25.62	13.48	3.82

（三）耕层土壤全氮时空变异

土壤中的氮素主要以有机态存在，这些含量的土壤氮素主要以大分子化合物的形式存在于土壤有机质中，作物很难吸收利用，属迟效型氮肥。第二次土壤普查数据显示，全氮表层的平均含量0.77 g/kg，4级地占比15.5%，5级地占比61.7%，6级地占比16.6%。两者相比，2017年土壤全氮含量平均增加了36.85%，由以5级为主转变为以3、4级地为主。耕层全氮含量变化见图4-2。

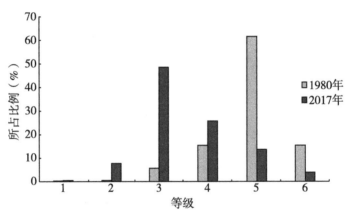

图4-2 耕层全氮含量变化

四、土壤中的磷素

磷是植物生长过程中必需的矿质营养之一，具有重要的营养和生理功能。磷在土壤中主要以有机磷、难溶无机磷存在，同时磷容易被固定，迁移性小，因而磷的有效性偏低。土壤中无机磷以吸附态和钙、铁、铝等的磷酸盐为主，无机磷的存在形态受pH值的影响很大。

（一）耕层土壤有效磷含量

经过对保定市耕层土壤样本的化验分析，保定市耕层土壤有效磷含量平均为22.27 mg/kg，变化幅度在0.54~75.73 mg/kg。最高的是望都县，平均含量

38.50 mg/kg，其次是涿州市，平均含量为 32.43 mg/kg，最低的是博野县，平均含量 12.62 mg/kg。保定市土壤有效磷平均含量范围及分布见表4-7。

表4-7 保定市土壤有效磷平均含量范围及分布

县（区、市）	有效磷（mg/kg）		
	最大值	最小值	平均值
安国市	64.28	4.30	17.10
安新县	71.50	2.83	24.66
博野县	36.63	3.67	12.62
定兴县	55.15	3.35	19.78
阜平县	75.73	1.27	18.34
高碑店市	27.61	2.52	12.85
高阳县	58.21	2.01	20.85
涞水县	69.71	2.55	14.92
涞源县	67.12	3.49	15.79
蠡县	43.10	2.88	17.78
满城区	75.73	2.01	31.57
清苑区	74.09	4.18	24.35
曲阳县	75.73	4.47	28.93
容城县	35.15	0.54	14.40
顺平县	75.73	1.78	24.52
唐县	75.73	1.23	23.16
望都县	70.08	12.25	38.50
雄县	75.73	5.00	19.69
徐水区	75.73	4.50	30.89
易县	75.73	2.17	21.44
涿州市	75.73	4.50	32.43
定州市	75.73	4.92	24.72
全市	75.73	0.54	22.27

（二）耕层土壤有效磷含量分级

耕层土壤中的磷一般以无机磷和有机磷两种形态存在，通常有机磷占全磷量的 20%~50%，无机磷占全磷量的 50%~80%。无机形态磷中的易溶性磷酸盐及土壤胶体吸附的磷酸根离子和有机形态磷中易矿化的部分被称为土壤有效磷，占土壤总磷量的 10% 左右。土壤有效磷含量是衡量土壤养分容量和强度水平的重要指标。

保定市耕地土壤有效磷含量多处于较高水平，根据新测定的数据，由于整体有效磷含量的提高，细化了分级标准，将第二次土壤普查中的2级（20~40 mg/kg）细化为现在标准（河北省试行标准）的2级（30~40 mg/kg）和3级（20~30 mg/kg）。保定市耕层土壤有效磷含量缺乏区占27.75%，处于5、6级（小于10 mg/kg）水平；有15.06%的土壤有效磷含量极高，不需再施用磷肥；其他占57.19%的绝大多数耕层土壤有效磷含量较丰富，农业生产中只需适当补充磷肥即可。耕层土壤有效磷含量分级及比例见表4-8。

表4-8　耕层土壤有效磷含量分级及比例

项目	级别					
	1级	2级	3级	4级	5级	6级
范围（mg/kg）	>40	30~40	20~30	10~20	5~10	<5
土样点数（个）	134	92	150	267	156	91
占总点数比例（%）	15.06	10.34	16.85	30.00	17.53	10.22

（三）耕层土壤有效磷的时空变异

保定市第二次土壤普查时土壤有效磷平均含量为6.7 mg/kg，养分含量大部分处于4、5级水平（3~10 mg/kg），占71.5%左右，与最新数据相比，有效磷含量有了很大提高，有效磷含量在10 mg/kg以上的达到72.25%，有效磷含量呈明显上升趋势。综合2次土壤普查的标准绘制了时空变异图，保定市耕层土壤有效磷含量变化见图4-3。

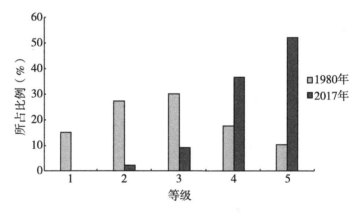

图4-3　保定市耕层土壤有效磷含量变化

五、土壤钾素

土壤中的钾一般分为矿物态钾、缓效性钾和速效性钾3部分。矿物态钾约占土壤全钾的96%，存在于矿物晶格如含钾长石、云母中，在短期内不能被植物利用，只有经过物理、化学过程从而被缓慢释放，并补充到缓效性钾和速效性钾中。缓效性钾（缓效钾）主要指 2∶1 型层状硅酸盐矿物层间和颗粒边缘的一部分钾，通常占全钾量的 5%，它能用 1N-HNO₃提出，这部分钾与作物吸收的钾有密切关系。速效性钾（速效钾）包括被土壤胶体吸附的钾和土壤溶液中的钾，一般占全钾的 1%~2%，能在短期内被作物吸收。

（一）速效钾

1. 耕层土壤速效钾含量

保定市耕层土壤速效钾含量平均为 143.2 mg/kg，变化幅度在 22~349 mg/kg。最高的是安新县，平均含量为 237.2 mg/kg；其次是雄县，平均含量为 174.5 mg/kg；最低的是阜平县，平均含量为 96.1 mg/kg。保定市土壤速效钾平均含量范围及分布见表 4-9。

表 4-9　保定市土壤速效钾平均含量范围及分布

县（区、市）	速效钾（mg/kg）		
	最大值	最小值	平均值
安国市	349	61	164.0
安新县	349	107	237.2
博野县	214	70	112.4
定兴县	349	53	124.8
阜平县	222	34	96.1
高碑店市	267	75	147.9
高阳县	349	70	168.3
涞水县	343	63	107.4
涞源县	349	22	167.2
蠡县	345	76	165.2
满城区	349	80	164.3
清苑区	349	53	154.7
曲阳县	256	54	123.1
容城县	204	48	98.7
顺平县	349	88	163.2
唐县	347	67	128.7
望都县	345	89	169.9
雄县	349	88	174.5
徐水区	275	59	117.5
易县	323	74	149.6
涿州市	281	44	127.2
定州市	349	43	99.0
全市	349	22	143.2

2. 耕层土壤速效钾分级及比例

土壤速效钾含量与质地类型关系密切,砂壤和轻壤土含量较低,中壤和深位中层夹黏土壤含量较高,随着土壤质地加重及含量的提高,不同土壤类型间差异比较明显。由于轻壤质潮褐土地势平坦,耕层质地适宜,有良好浇水条件的,其复种指数高,作物对土壤的移走量也大,加之有机肥用量不足等,土壤有效钾含量均不高。

保定市耕地土壤有效钾含量多处于较高水平,根据新测定的数据,由于整体有效钾含量的提高,提高了分级标准,将第二次土壤普查中的1级(>200 mg/kg)改为现在标准的1级(>250 mg/kg),2级(150~200 mg/kg)改为现在的2级(200~250 mg/kg)依此类推。数据显示保定市耕层土壤速效钾以4、5级地为主(50~150 mg/kg),占总量的65.51%左右。保定市耕层土壤速效钾含量分级及比例见表4-10。

表4-10 保定市耕层土壤速效钾含量分级及比例

项目	级别					
	1级	2级	3级	4级	5级	6级
范围(mg/kg)	>250	200~250	150~200	100~150	50~100	<50
土样点数(个)	76	81	143	325	258	7
占总点数比例(%)	8.54	9.10	16.07	36.52	28.99	0.78

3. 土壤速效钾的时空变异

保定市第二次土壤普查时,速效钾平均含量125 mg/kg,3、4级地(50~150 mg/kg)占80.69%,与最新数据相比该水平所占比例下降了18.81%;1、2级(>150 mg/kg)地所占比例由15.16%增加到33.71%;5级地所占比例显著下降,土壤速效钾含量增加。平衡施肥技术和秸秆还田的推广,农田施用钾肥数量明显提高。综合2次土壤普查的标准,分析了速效钾随时间的变异特征,见图4-4。

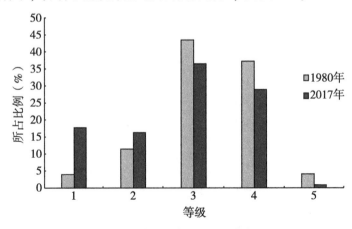

图4-4 耕层土壤速效钾含量变化

（二）缓效钾

保定市耕层土壤缓效钾含量整体处于较高水平，平均为 872.6 mg/kg，变幅较大，变化幅度在 192~1 553 mg/kg。其中阜平县含量最高，为 1 283.6 mg/kg，望都县含量最低，为 648.3 mg/kg。保定市土壤缓效钾平均含量范围及分布见表 4-11。

表 4-11　保定市土壤缓效钾平均含量范围及分布

县（区、市）	缓效钾（mg/kg）		
	最大值	最小值	平均值
安国市	1 521	733	1 005.3
安新县	1 207	685	906.8
博野县	1 226	581	872.3
定兴县	1 553	604	850.6
阜平县	1 553	192	1 283.6
高碑店市	1 072	486	792.5
高阳县	1 441	715	1 022.9
涞水县	1 282	409	688.9
涞源县	1 201	562	869.0
蠡县	1 380	690	1 067.7
满城区	1 196	490	752.5
清苑区	929	493	722.7
曲阳县	1 471	648	902.4
容城县	1 153	598	884.9
顺平县	1 023	475	790.1
唐县	1 163	500	808.6
望都县	994	387	648.3
雄县	1 553	788	1 060.5
徐水区	1 270	606	819.3
易县	1 529	566	820.1
涿州市	893	524	668.4
定州市	1 553	469	943.0
全市	1 553	192	872.6

六、土壤有效锌

土壤含锌量与成土母质中的矿物种类及其风化程度有关，与有机质含量、pH 值和土壤结构也密切相关。一般岩浆岩和安山岩、火山灰等风化物含锌量最低。在沉积岩和沉积物中，页岩和粘板岩的风化物含锌量最高，其次是湖积物及冲积黏土，而以砂土的含锌量最低。在石灰性土壤上，土壤有效态锌含量一般是很低的，这是由于 pH 值在 6.0~8.0 锌溶解度最低。但有机质含量较高的碳性土壤，土壤有效锌含量较高，因为有机质可促进锌的有效化。

保定市耕层土壤有效锌含量平均为 2.18 mg/kg，变化幅度在 0.28~7.07 mg/kg，有效锌平均含量最高的在满城区，为 3.65 mg/kg，最低在曲阳县，含量为 1.02 mg/kg。保定市耕层土壤有效锌平均含量范围及分布见表 4-12。

表 4-12　保定市耕层土壤有效锌平均含量范围及分布

县（区、市）	有效锌（mg/kg）		
	最大值	最小值	平均值
安国市	3.98	2.39	2.99
安新县	5.54	1.90	3.02
博野县	3.04	1.61	2.54
定兴县	1.44	0.86	1.05
阜平县	7.03	1.81	3.47
高碑店市	2.25	1.74	2.04
高阳县	2.81	0.93	1.81
涞水县	3.19	0.28	1.14
涞源县	6.87	0.94	3.10
满城区	5.06	2.51	3.65
清苑区	2.05	0.43	1.42
曲阳县	1.39	0.55	1.02
容城县	3.41	2.28	2.73
顺平县	7.07	1.18	3.27
唐县	5.83	0.52	2.26
望都县	1.40	1.03	1.24
雄县	3.70	1.20	2.33
徐水区	5.16	1.25	2.45
易县	2.52	1.07	1.68
涿州市	1.56	0.86	1.19
定州市	2.49	0.80	1.49
全市	7.07	0.28	2.18

与第二次土壤普查结果相比，由于 20 多年来的秸秆还田，土壤有效锌含量逐年增加，保定市耕层土壤有效锌含量多处于 1、2、3 级，占 90% 以上。这说明随着种植经验的积累，农户已经意识到微肥的重要性。保定市耕层土壤有效锌含量分级及比例见表 4-13。

表4-13　保定市耕层土壤有效锌含量分级及比例

项目	级别				
	1级	2级	3级	4级	5级
范围（mg/kg）	＞3.0	1.0~3.0	0.5~1.0	0.3~0.5	＜0.3
土样点数（个）	16	55	11	2	1
占总点数比例（%）	18.82	64.71	12.94	2.35	1.18

七、土壤有效锰

锰是作物正常生长发育所必需的微量营养元素，在作物体内代谢过程中具有多方面的功能。对锰敏感的作物非常多，几乎包括主要粮、棉、油作物及果树和蔬菜。

通过对保定市耕层土壤分析可知，保定市耕层土壤有效锰含量平均为 13.69 mg/kg，变化幅度在 2.03~52.00 mg/kg，最高的是望都县，平均含量 41.70 mg/kg；其次是涞水县，平均含量 37.40 mg/kg；最低的是定州市，平均含量 2.64 mg/kg。保定市耕层土壤微量元素有效锰平均含量范围及分布见表4-14。

表4-14　保定市耕层土壤有效锰平均含量范围及分布

县（区、市）	有效锰（mg/kg）		
	最大值	最小值	平均值
安国市	14.54	8.59	10.50
安新县	17.84	8.73	12.29
博野县	14.94	8.59	10.92
定兴县	8.35	6.52	7.27
阜平县	46.38	13.16	32.65
高碑店市	8.87	3.86	5.67
高阳县	9.86	6.59	8.69
涞水县	49.98	23.62	37.40
涞源县	8.93	7.98	8.65
满城区	15.50	9.02	11.34
清苑区	20.48	14.48	17.15
曲阳县	3.93	2.84	3.18
容城县	14.24	9.06	12.06
顺平县	11.18	7.31	9.05
唐县	4.93	4.42	4.56
望都县	52.00	30.79	41.70
雄县	12.20	9.10	10.38
徐水区	17.40	14.20	15.45

（续表）

县（区、市）	有效锰（mg/kg）		
	最大值	最小值	平均值
易县	41.05	8.25	18.53
涿州市	12.80	7.60	10.30
定州市	3.04	2.03	2.64
全市	52.00	2.03	13.69

保定市耕层土壤有效锰含量级别以 3 级为主，占 61.18%，含量处于中等水平，保定市土壤锰含量普遍不高，高产田块需要注意锰肥的施用。耕层土壤有效锰含量分级及面积比例见表 4-15。

表 4-15 耕层土壤有效锰含量分级及面积比例

项目	级别				
	1 级	2 级	3 级	4 级	5 级
范围（mg/kg）	>30	15~30	5~15	1.0~5	<1.0
土样点数（个）	10	8	52	15	—
占总点数比例（%）	11.76	9.41	61.18	17.65	—

八、土壤有效铜

土壤中的铜主要来自原生矿物，存在于矿物的晶格内。我国土壤中全铜的含量一般为 4~150 mg/kg，平均约 22 mg/kg。全铜含量与土壤母质类型、腐殖质的量、成土过程和培肥条件有关。一般基性岩发育的土壤含铜量多于酸性岩，沉积岩中以砂岩含铜最少。

保定市耕层土壤有效铜含量平均为 1.18 mg/kg，变化幅度在 0.14~5.81 mg/kg。绝大部分的耕地土壤有效铜含量比较丰富。最高的是阜平县，平均含量 3.17 mg/kg；其次是涿州市，平均含量 1.96 mg/kg；最低的是清苑区，为 0.29 mg/kg。保定市土壤微量元素有效铜平均含量范围及分布见表 4-16。

表 4-16 保定市耕层土壤有效铜平均含量范围及分布

县（区、市）	有效铜（mg/kg）		
	最大值	最小值	平均值
安国市	1.17	0.51	0.98
安新县	2.64	1.27	1.84
博野县	1.43	0.56	1.18
定兴县	0.83	0.48	0.66

（续表）

县（区、市）	有效铜（mg/kg）		
	最大值	最小值	平均值
阜平县	5.81	1.69	3.17
高碑店市	1.29	0.54	0.99
高阳县	1.24	0.58	0.84
涞水县	0.35	0.31	0.34
涞源县	1.29	0.34	0.62
满城区	2.07	0.67	1.51
清苑区	0.39	0.18	0.29
曲阳县	1.83	0.37	1.10
容城县	2.05	1.06	1.72
顺平县	2.10	0.82	1.32
唐县	1.73	0.14	0.71
望都县	1.35	1.06	1.22
雄县	2.43	1.10	1.55
徐水区	2.72	1.03	1.63
易县	1.34	0.61	0.91
涿州市	4.77	0.92	1.96
定州市	0.77	0.37	0.50
全市	5.81	0.14	1.18

保定市土壤有效铜含量大部分处于2、3级水平，占82.35%；有15.29%左右的土壤有效铜含量极高。保定市耕层土壤普遍不缺铜。1984年保定市土壤有效铜含量平均为0.52 mg/kg，含量均大于0.2 mg/kg，土壤不缺铜，耕层土壤有效铜含量分级及比例见表4-17。

表4-17　保定市耕层土壤有效铜含量分级及比例

项目	级别				
	1级	2级	3级	4级	5级
范围（mg/kg）	>1.8	1~1.8	0.2~1.0	0.1~0.2	<0.1
土样点数（个）	13	34	36	2	—
占总点数比例（%）	15.29	40.00	42.35	2.36	—

九、土壤有效铁

土壤中有效铁的含量不一，在石灰性土壤中有效铁含量很少，不能满足植物需要而出现缺铁症状现象时有发生。由于植物对铁的利用能力和要求相差较大，在同一土壤中有些植物变现缺铁，而另一些植物生长正常，甚至不同品种之间也有明显差异。保定市耕层土壤有效铁含量平均为 27.62 mg/kg，变化幅度在 6.87~87.88 mg/kg。其中最高的是阜平县，平均含量 79.48 mg/kg；其次是望都县，平均含量 62.16 mg/kg；最低的是清苑区，为 7.92 mg/kg。保定市土壤有效铁平均含量范围及分布见表 4-18。

表 4-18 保定市耕层土壤有效铁平均含量范围及分布

县（区、市）	有效铁（mg/kg）		
	最大值	最小值	平均值
安国市	43.05	27.25	31.76
安新县	53.93	25.89	38.24
博野县	25.63	13.14	20.31
定兴县	17.22	12.04	14.85
阜平县	87.88	63.57	79.48
高碑店市	29.27	19.89	24.38
高阳县	22.02	15.91	19.46
涞水县	28.20	13.03	18.35
涞源县	18.60	13.16	16.31
满城区	42.17	30.07	37.28
清苑区	9.60	6.87	7.92
曲阳县	14.41	7.16	11.14
容城县	44.44	25.84	33.00
顺平县	48.73	13.03	30.42
唐县	48.33	15.29	24.02
望都县	69.77	57.38	62.16
雄县	11.10	7.00	8.75
徐水区	12.70	7.80	10.98
易县	78.84	40.58	52.94
涿州市	70.00	10.80	26.53
定州市	16.55	13.69	14.96
全市	87.88	6.87	27.62

按照第二次土壤普查养分分级标准，保定市土壤有效铁含量大部分以 1 级为主，占 48.24%左右，2 级占 41.18%，3 级占 10.58%，保定市耕层土壤有效铁含量分级及比例

见表4-19。

表4-19 保定市耕层土壤有效铁含量分级及比例

项目	级别				
	1级	2级	3级	4级	5级
范围（mg/kg）	>20	10~20	4.5~10	2.5~4.5	<2.5
土样点数（个）	41	35	9	—	—
占总点数比例（%）	48.24	41.18	10.58	—	—

十、有效硫

硫是作物必需的16种营养元素之一，它是构成含硫氨基酸和蛋白质的基本元素，是合成其他生物活性物质的重要成分，直接参与作物新陈代谢。合理使用硫肥，对于提高作物产量、改善产品品质、增强作物抗逆性具有重要作用。我国土壤缺硫面积日益增加，成为影响农作物产量和质量的潜在因素。

保定市耕层土壤有效硫含量平均为26.70 mg/kg，变化幅度在0.75~100.64 mg/kg。其中最高的是雄县，平均含量92.21 mg/kg；其次是徐水区，平均含量73.48 mg/kg；最低的是望都县，平均含量6.14 mg/kg。保定市土壤有效硫平均含量范围及分布见表4-20。

表4-20 保定市耕层土壤有效硫平均含量范围及分布

县（区、市）	有效硫（mg/kg）		
	最大值	最小值	平均值
安国市	58.42	20.58	34.39
安新县	24.53	7.97	18.77
博野县	42.33	24.53	29.48
定兴县	12.61	5.68	8.99
阜平县	50.55	2.95	15.32
高碑店市	31.30	24.93	28.20
高阳县	28.44	6.70	17.20
涞水县	10.87	3.75	6.56
涞源县	28.78	24.99	26.53
满城区	37.59	20.58	27.04
清苑区	60.34	5.25	23.89
曲阳县	37.84	6.31	19.87
容城县	10.49	0.75	7.50
顺平县	35.61	19.78	27.79

（续表）

县（区、市）	有效硫（mg/kg）		
	最大值	最小值	平均值
唐县	31.81	15.32	22.54
望都县	11.95	2.58	6.14
雄县	100.64	66.90	92.21
徐水区	94.70	45.20	73.48
易县	18.99	12.32	16.43
涿州市	100.64	23.40	52.69
定州市	15.77	4.41	9.84
全市	100.64	0.75	26.70

十一、有效硼

土壤中的有效硼是指植物可以从土壤中吸收利用的硼，它对植物体内的物质运输、生物膜透性、花粉萌发、受精作用以及木质素的形成和输导组织的分化均有重要作用，并能够抑制有毒酚类化合物形成，直接影响植物的生长发育。植物对硼的缺乏、适量和中毒含量之间的变化幅度很小。土壤中大部分硼存在于土壤矿物的晶体结构中。土壤中硼含量与气候、土壤质地、有机质含量有关。一般土壤中的硼有随着黏粒和有机质含量的增加而增加的趋势。硼是一种比较容易淋失的元素，因此，干旱地区土壤中硼含量较高，一般在 30 mg/kg 以上，而南方土壤中硼含量较低。总的来说由北向南逐渐降低。

保定市耕层土壤有效硼含量平均为 0.45 mg/kg，变化幅度在 0.04~1.15 mg/kg。其中最高的是徐水区，平均含量 1.00 mg/kg；其次是安新县，平均含量 0.63 mg/kg；最低的是望都县，为 0.08 mg/kg。保定市耕层土壤有效硼平均含量范围及分布见表 4-21。

表 4-21　保定市耕层土壤有效硼平均含量范围及分布

县（区、市）	有效硼（mg/kg）		
	最大值	最小值	平均值
安国市	0.33	0.29	0.32
安新县	0.92	0.37	0.63
博野县	0.78	0.24	0.50
定兴县	0.98	0.41	0.59
阜平县	1.15	0.22	0.54
高碑店市	0.78	0.19	0.51
高阳县	0.37	0.28	0.32
涞水县	0.31	0.22	0.27

（续表）

县（区、市）	有效硼（mg/kg）		
	最大值	最小值	平均值
涞源县	0.67	0.28	0.42
满城区	0.61	0.38	0.46
清苑区	0.78	0.15	0.43
曲阳县	0.81	0.36	0.52
容城县	0.57	0.46	0.51
顺平县	0.74	0.33	0.54
唐县	0.47	0.10	0.22
望都县	0.14	0.04	0.08
雄县	1.10	0.35	0.62
徐水区	1.15	0.86	1.00
易县	0.37	0.27	0.31
涿州市	0.80	0.08	0.34
定州市	0.61	0.34	0.45
全市	1.15	0.04	0.45

十二、有效钼

土壤和植物中的钼对植物和动物营养都很重要。土壤中钼含量与土壤形成的母质、有机质含量和地理区域有关。土壤中钼形态以水溶态、代换态、矿质态和有机态为主。土壤中有效态的钼主要以水溶性和代换态钼为主。

保定市耕层土壤有效钼含量平均为 0.13 mg/kg，变化幅度在 0.01～0.82 mg/kg。其中最高的是涿州市，平均含量 0.59 mg/kg；其次是徐水区，平均含量 0.34 mg/kg；清苑区、定兴县及唐县含量最低，为 0.03 mg/kg。保定市耕层土壤有效钼平均含量范围及分布见表 4-22。

表 4-22 保定市耕层土壤有效钼平均含量范围及分布

县（区、市）	有效钼（mg/kg）		
	最大值	最小值	平均值
安国市	0.23	0.02	0.10
安新县	0.20	0.08	0.14
博野县	0.15	0.02	0.08
定兴县	0.07	0.01	0.03
阜平县	0.16	0.05	0.08

（续表）

县（区、市）	有效钼（mg/kg）		
	最大值	最小值	平均值
高碑店市	0.11	0.01	0.04
高阳县	0.08	0.02	0.05
涞水县	0.08	0.02	0.04
涞源县	0.12	0.05	0.09
满城区	0.14	0.08	0.11
清苑区	0.04	0.02	0.03
曲阳县	0.17	0.04	0.11
容城县	0.19	0.02	0.14
顺平县	0.08	0.03	0.05
唐县	0.06	0.01	0.03
望都县	0.31	0.23	0.26
雄县	0.24	0.15	0.20
徐水区	0.77	0.16	0.34
易县	0.22	0.07	0.14
涿州市	0.82	0.45	0.59
定州市	0.23	0.04	0.10
全市	0.82	0.01	0.13

十三、有效硅

土壤有效硅又称活性硅，在土壤中以无机胶体形态存在，随着土壤条件和气候条件的差异，它们在土壤中的含量有较大变化。热带和亚热带地区土壤有效硅含量高于温带和寒带。在水稻土中含量高于旱作土壤。土壤中有效硅含量与土壤矿物种类、pH 值、倍半氧化物、矿物表面状态、有机酸和水分含量等有关。

保定市耕层土壤有效硅含量平均为 156.16 mg/kg，变化幅度在 92.87 ~ 377.10 mg/kg。其中最高的是定兴县，平均含量 310.77 mg/kg；其次是曲阳县，平均含量 277.51 mg/kg。保定市耕层土壤有效硅平均含量范围及分布见表 4-23。

表 4-23　保定市耕层土壤有效硅平均含量范围及分布

县（区、市）	有效硅（mg/kg）		
	最大值	最小值	平均值
安国市	195.83	152.37	172.76
安新县	377.10	213.75	276.52
博野县	197.71	122.56	160.33

（续表）

县（区、市）	有效硅（mg/kg）		
	最大值	最小值	平均值
定兴县	345.14	288.18	310.77
阜平县	199.22	23.99	108.30
高碑店市	207.91	82.91	156.13
高阳县	196.19	190.03	193.17
涞水县	159.20	97.16	127.61
涞源县	246.19	128.08	187.66
满城区	271.74	184.50	211.60
清苑区	203.06	96.27	136.98
曲阳县	318.18	251.61	277.51
容城县	282.11	186.18	231.12
顺平县	210.55	124.07	169.01
唐县	172.08	118.23	153.62
望都县	113.34	70.94	92.87
雄县	—	—	—
徐水区	—	—	—
易县	182.15	137.48	159.63
涿州市	—	—	—
定州市	257.81	192.50	216.27
全市	377.10	0.08	156.16

注：雄县、徐水、涿州数据缺失。

十四、微量元素时空变异和动态变化

调查数据显示，保定市耕层土壤有效铜含量大部分处于 2、3 级水平，占地分别为 40.00% 和 42.35%；耕层土壤有效锌含量处于 1、2 级水平，占比分别为 18.82% 和 64.71%；耕层土壤有效锰含量级别以 3 级为主，占 61.18%，基本均不缺乏锰营养。耕层土壤有效铁含量以 1 级为主，占总数的 48.24%。

20 多年来由于肥料的合理施用和秸秆还田，耕层土壤微量元素含量呈上升趋势。第二次土壤普查数据得出，保定市土壤只表现出缺锌状况，其他微量元素均处于中等或低等水平。经过近 30 年的土壤培肥，尤其是秸秆还田工作，由图 4-5 可知，土壤中微量元素含量普遍增加，但增加幅度不同，有效铁增加量 456.85%，有效锰增加量 313.60%，有效铜增加量 35.63%，有效锌增加量 282.46%。另外，与本轮调查为耕地，点位不同与第二次土壤普查也有很大关系。

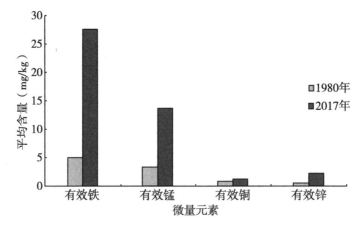

图 4-5　微量元素随时间的变化特征

十五、微肥的施用与推广

近年来，各地微肥推广结果表明，在土壤含量较低或对微量元素敏感的作物上施用微肥具有较明显提高产量和改善品质的效果。根据以上调查结果，保定市耕层土壤铁、锰、铜、锌含量大部分面积均未呈现缺乏状态，因而微肥施用的重点应在高产地块。

目前，常用的锌、锰、铜、铁肥主要是硫酸盐类和铵盐类化合物，可用来基施、追施、浸种、蘸秧根和叶面喷施，以基施效果最佳，简便易行。叶面肥在果树和蔬菜上喷施效果较好，浓度应控制在 0.2% 左右。果树施铁肥数量较大，施用方法主要是叶面喷施和枝干注射硫酸亚铁溶液，在有效铁含量很低的土壤上，采用挖沟、穴灌 2% 的硫酸亚铁溶液或将有机肥与铁肥按比例混合施入，可有效补充土壤铁素不足，且肥效较长，效果明显。

第四节　耕地土壤盐分与重金属概况

一、总盐概况

土壤水溶性盐是盐碱土的一个重要属性，是限制作物生长的障碍因素。我国盐碱土分布广、面积大、类型多。在干旱、半干旱地区盐渍化土壤，以水溶性的氯化物和硫酸盐为主。盐土中含有大量水溶性盐类，影响作物生长，同一浓度不同盐分危害作物的程度也不一样。盐分中以碳酸钠的危害最大，增加土壤碱度和恶化土壤物理性质，使作物受害。其次是氯化物，氯化物中又以氯化镁的毒害作用较大。

保定市耕层土壤总盐含量平均为 0.37 g/kg，变化幅度在 0.04~2.81 g/kg。其中最高的是徐水区，平均含量 0.80 g/kg；其次是涿州市，平均含量 0.79 g/kg；定兴县、曲阳县、定州市平均含量最低，为 0.07 g/kg。保定市耕层土壤总盐平均含量范围及分布见表4-24。

表4-24 保定市耕层土壤总盐平均含量范围及分布

县（区、市）	总盐（g/kg）		
	最大值	最小值	平均值
安国市	0.54	0.28	0.41
安新县	2.81	0.43	0.66
博野县	0.60	0.30	0.41
定兴县	0.10	0.05	0.07
阜平县	0.89	0.07	0.23
高碑店市	0.56	0.23	0.35
高阳县	1.83	0.21	0.42
涞水县	0.32	0.14	0.24
涞源县	0.45	0.21	0.28
蠡县	0.95	0.30	0.47
满城区	1.00	0.26	0.37
清苑区	1.91	0.20	0.41
曲阳县	0.08	0.05	0.07
容城县	0.41	0.22	0.32
顺平县	0.58	0.23	0.33
唐县	0.48	0.13	0.27
望都县	0.56	0.28	0.37
雄县	1.03	0.26	0.54
徐水区	2.67	0.39	0.80
易县	0.52	0.04	0.34
涿州市	2.31	0.23	0.79
定州市	0.11	0.06	0.07
全市	2.81	0.04	0.37

二、重金属概况

土壤中的重金属含量不仅受成土母质的风化过程，风力和水力搬运的自然物理和化学迁移过程的影响，而且受人类活动的影响。由于人类活动将金属加入土壤中，致使土壤中重金属明显高于原生含量并造成生态环境质量恶化。

保定市耕层土壤重金属全镉平均含量为 0.13 mg/kg，变化幅度在 0.01 ~ 0.72 mg/kg；全铬平均含量为 65.77 mg/kg，变化幅度在 7.36 ~ 116.42 mg/kg；全铅平均含量为 19.36 mg/kg，变化幅度在 5.02~52.84 mg/kg；全砷平均含量为 8.70 mg/kg，变化幅度在 1.25~26.21 mg/kg；全汞平均含量为 0.07 mg/kg，变化幅度在 0.002~0.22 mg/kg。

农用地土壤污染风险低，均处于土壤污染风险管控范围内。

第五节　不同区域土壤养分状况

一、评价分区

农业是自然再生产和经济再生产过程相结合的物质生产部门，它受生物生长发育的自然条件，特别是光、热、水、土等条件直接影响，存在强烈的地域分异。因此，农业生产客观上存在明显而复杂的区位差异，形成了相互区别的农业区域。进行农业资源分区是通过对区域自然条件、自然资源和社会经济资源进行综合评价，从时空上综合分析农业自然、经济、技术条件及市场需求和生产上形成的综合特征差异，合理利用当地资源，充分发挥资源的最大效益。

1. 分区原则

通过对保定市农业自然资源、社会经济技术条件、农业生产发展现状的综合分析，由于自然地理环境的不同，社会经济条件的不同，各区域的农业生产结构、布局以及社会经济条件存在一定的差异，为适应当前农产品供求关系的转变和市场经济的发展，在保护生态环境的前提下，充分发挥资源区位优势，优化配置农业资源，合理规划优势农业生产区域布局，促进农业产业化迅速发展和分类指导全市农业、农村经济工作，提供系统资料和科学依据，对全市进行分区域论述。

农业分区是根据农业生产的自然、经济条件及在生产上形成的综合特征和发展方向的差异而进行的区域划分。因此，保定市根据自然地理分异规律、经济地理分异规律生物与环境统一性规律和农业生产地域分异规律，以及农业生产的自然、经济条件在生产上形成的综合特征和发展方向的差异确定农业分区原则。

2. 分区依据

由于地理纬度，地形、地貌的地带分布，形成不同的光、热、水、土等农业生态环境，进而导致农业资源在地带分布上的相对差异。由于农业资源地带分布差异，在不同的农业生态环境下各有其适宜的产业结构、劳力布局，作物组织、种植制度和生产措施形成生产的地域性。

按照分区原则和依据将全市划分为 3 个区。

（1）山地丘陵区：含涞源县、涞水县、易县、满城区、顺平县、唐县、阜平县、曲阳县。

（2）平原区：含清苑区、徐水区、定兴县、高碑店市、涿州市、安国市、望都县、定州市。

（3）洼淀区：含安新县、雄县、高阳县、容城县、蠡县、博野县。

洼淀区主要以沼泽土为主，土质黏重，水分过多，通气不良，有机质积累多，潜育化作用强烈；山地丘陵主要是草甸土、棕壤和褐土，有机质含量较高，腐殖质层较厚，土壤团粒结构较好，水分较充分；棕壤成土母质多为花岗岩、片麻岩及砂页岩的残积坡积物，或厚层洪积物，在平坦地形上，如降水过多，表层土壤水分饱和，会发生潴、涝现象，作物易倒伏，生长不良；平原区主要是褐土和潮土，发育于富含碳酸盐或不含碳酸盐的河流冲积物土，受地下潜水影响，土壤腐殖积累过程较弱，具有腐殖质层（耕作层）、氧化还原层及母质层等剖面层次，沉积层理明显。

二、不同区域土壤大量营养元素状况

土壤受成土母质、地形及人类活动等自然因素和人为因素的影响，使得土壤成为不均一和变化的时空连续体，并具有高度的空间变异性。由于地形因子与土壤中水分的运输及物质的运移有着紧密的联系，从而会影响土壤中养分的分布情况。不同区域不同地形条件对养分分布会产生影响[9]。不同区域的种植模式与习惯，也对养分含量产生重要影响。如表4-25所示，有机质含量集中在16.28~18.39 g/kg，以平原区较高，山地丘陵区和洼淀区差异不显著；全氮含量3个类型区相差不大，在0.1 g/kg左右；有效磷含量在18.33~25.07 mg/kg，平原区最高，洼淀区最低；速效钾含量在137.5~159.4 mg/kg，洼淀区含量最高，平原区和山地丘陵区较低。平原区和洼淀区由于地面平坦，土层较深厚，土壤发育成熟，灌溉设施完善，易于耕作，适耕期长，土壤养分总体含量较高，适宜农作物的种植和生长。

表4-25 不同类型区大量营养元素含量

类型区	大量营养元素				
	有机质（g/kg）	全氮（g/kg）	有效磷（mg/kg）	速效钾（mg/kg）	缓效钾（mg/kg）
平原区	18.39	1.11	25.07	137.9	810.4
洼淀区	16.28	1.03	18.33	159.4	969.2
山地丘陵区	17.01	1.02	22.33	137.5	864.4

三、不同区域土壤微量营养元素状况

微量元素为植物体必需的但需求量很少的一些元素。这些元素在土壤中缺少或不能被植物利用时，植物生长不良，过多又容易引起中毒。通常以微量元素作种子处理、根外追肥来提高作物产量。由不同类型区中微量元素含量表可知，从中微量元素总量来说洼淀区高于山地丘陵高于平原区。

如表 4-26 所示，有效锌含量为 1.72~2.49 mg/kg，平原区最低，山地丘陵区和洼淀区相差不大；有效锰含量为 10.87~15.67 mg/kg，山地丘陵区最高，洼淀区最低；平原区有效铜含量为 1.01 mg/kg，洼淀区为 1.42 mg/kg；平原区与洼淀区有效铁含量相差不大，为 23.91~23.95 mg/kg；平原区有效硫含量 29.10 mg/kg，洼淀区为 33.03 mg/kg；3 个类型区有效硼的含量相差不大，在 0.41~0.52 mg/kg；3 个类型区有效钼的含量相差也不明显，为 0.08~0.18 mg/kg；有效硅含量为 130.33~174.37 mg/kg，平原区最低，山地丘陵区和洼淀区相差不大。

表 4-26　不同类型区中微量元素含量

类型区	微量营养元素（mg/kg）							
	有效锌	有效锰	有效铜	有效铁	有效硫	有效硼	有效钼	有效硅
平原区	1.72	13.49	1.01	23.91	29.10	0.45	0.18	130.33
洼淀区	2.49	10.87	1.42	23.95	33.03	0.52	0.12	172.26
山地丘陵区	2.45	15.67	—	—	—	0.41	0.08	174.37

地形地貌影响海拔高度和坡度的大小，进而影响湿度和温度，气候和地形条件会影响雨水冲刷、土壤侵蚀、土壤养分的保蓄状况以及有机质的矿化程度、氮磷钾的有效化程度等。一般来说，处于高海拔地形部位排水迅速，土壤含水量较低；处于低洼地形部位的土壤，因含水量多、土冷而郁闭，其有机质和全氮含量均比平坦部位的土壤高，由于受到特定自然条件的限制，其有效度很低，但含水分较多，处于还原条件，高价铁、锰被还原成溶解度较高的低价化合物，有效性增加。

第五章 耕地质量评价

第一节 耕地质量分级

一、耕地质量等级面积统计

利用 ArcGIS 软件，对评价图属性进行空间分析，检索统计耕地各等级的面积及图幅总面积。通过县域耕地资源信息管理系统，建立层次结构模型，构建判断矩阵，进行层次分析单排序、总排序及一致性检验，计算各指标隶属度，共确定保定市 22 个县（市、区）130 320 个评价单元的耕地质量综合评价指数和耕地面积，根据河北省耕地10 等地所对应的综合评价指数标准划分等级，计算出各等级耕地所对应的耕地面积和全县耕地平均质量等级。

利用县域耕地资源管理信息系统采用层次分析法求取保定市耕地综合评价指数在0.496 217~0.948 410。耕地按照河北省耕地质量 10 等级划分标准，在 10 个耕地质量等级中，耕地质量综合指数越大，耕地质量水平越高。1 等地耕地质量最高，10 等地最低。保定市耕地质量 1~10 等地均有分布，主要集中在 3、4、5 等级。通过加权平均求得保定市的耕地质量平均等级为 4.41 等级，其中洼淀区平均等级为 4.25，平原区平均等级为 3.71，丘陵区平均等级为 5.76。

以保定市总耕地面积 7 918 723 249.60 m²（1 187.80 万亩）为基准（保定市参评的 22 个县、市、区），按面积比例进行平差，计算各耕地质量等级面积（表5-1）。

表 5-1 保定市农用地等级分布情况

级别	总面积（m²）	占总耕地比重（%）
1	47 560 901.03	0.60
2	950 233 109.37	12.00
3	2 059 076 130.85	26.00
4	1 808 887 523.32	22.84

（续表）

级别	总面积（m²）	占总耕地比重（%）
5	1 172 444 030. 58	14. 81
6	585 845 597. 19	7. 40
7	590 100 066. 85	7. 45
8	432 484 483. 45	5. 46
9	121 862 689. 71	1. 54
10	150 228 717. 25	1. 90

保定市地力分级结果显示：保定市农用地的质量以1、2、3级面积占比38.60%，4、5、6级地占地面积45.05%，7、8、9、10级地面积占比16.35%。其中，定州市耕地分布最多，为861 497 200.00m²（129.22万亩），区内有2~6级以及9级地的分布，其面积分别为 219 884 697.47 m²、 308 615 193.37 m²、 247 946 541.59 m²、68 230 301.44 m²、13 123 768.46 m²和3 696 697.66 m²；其次为清苑区，耕地面积为593 217 660.60 m²（88.98万亩），区内有2~9级地的分布，其面积分别为19 249 492.69 m²、22 972 8601.03 m²、110 858 706.57 m²、120 097 135.81 m²、51 430 557.74 m²、33 362 131.42 m²、20 941 943.12 m²和7 549 092.223 m²；保定市耕地面积最少的县为阜平县，耕地面积为149 237 881.65 m²（22.39万亩），县内有4~10级地的分布。

二、耕地质量等级地域分布

保定市1级地仅分布在高阳县和安新县；2级地主要分布在定兴县、高碑店市、清苑区、望都县、徐水区、涿州市、定州市、安新县、博野县、高阳县、蠡县、容城县、雄县、满城区、顺平县、唐县和易县；3级地除曲阳县和阜平县，其他县市均有分布；4级地除曲阳县外均有分布；5级地和6级地在保定市各县、区均有分布；7级地除徐水区和定州市以外，其他县市区均有分布；8级地除安国市、定兴县、望都县、徐水区、涿州市和定州市以外，其他县市区均有分布；9级地分布在安国市、高碑店市、清苑区、定州市、阜平县、涞水县、涞源县、曲阳县、顺平县、唐县和易县；10级地主要分布在阜平县、涞水县、涞源县、曲阳县、顺平县、唐县和易县。保定市耕地质量等级县（市、区）统计见表5-2。

（单位：m²）

表5-2　保定市耕地质量等级县（市、区）统计

县（市、区）	等级 1级	2级	3级	4级	5级	6级	7级	8级	9级	10级
安国市	—	—	10 976 803.89	106 071 041.91	104 466 832.08	77 639 067.63	28 452 313.25	—	8 127 424.09	—
定兴县	—	20 588 755.02	205 148 767.47	185 478 121.51	40 928 745.08	23 378 320.84	2 407 035.53	—	—	—
高碑店市	—	1 727 167.83	157 646 432.03	99 031 503.15	68 579 816.59	31 318 367.45	35 431 727.01	16 221 369.59	3 953 067.65	—
清苑区	—	19 249 492.69	229 728 601.03	110 858 706.57	120 097 135.81	51 430 557.74	33 362 131.42	20 941 943.12	7 549 092.23	—
望都县	—	15 111 808.72	133 112 360.19	77 157 913.50	26 516 573.88	3 094 966.31	3 137 378.41	—	—	—
徐水区	—	160 913 481.50	169 754 371.32	63 747 414.93	45 269 563.85	5 329 064.15	—	—	—	—
涿州市	11 402 785.91	180 566 022.15	167300456.58	58607912.50	28 878 653.76	3 350 613.68	839 002.82	—	—	—
安新县	—	60 285 645.93	133 586 927.57	64 846 557.25	33 549 893.50	10 829 401.53	3 578 625.69	7 514 778.57	—	—
博野县	—	10 797 764.23	27 068 879.91	67 041 197.56	61 801 320.04	27 488 380.25	13 986 667.02	22 970 710.68	—	—
高阳县	36 158 115.12	76 661 548.27	37 073 698.30	78 208 295.01	50 035 891.18	18 602 122.78	5 603 280.87	16 696 688.57	—	—
蠡县	—	13 447 485.02	44 580 947.72	188 151 590.05	108 164 102.76	56 556 424.01	36 589 890.06	17 647 012.88	—	—
容城县	—	3 947 734.72	45 148 601.41	89 499 672.23	29 875 238.06	32 884 100.87	2 766 150.72	1 321 872.35	—	—
雄县	—	8 424 237.35	43 334 526.12	135 055 627.07	60 525 913.59	44 348 029.05	29 666 489.81	4 121 433.82	—	—
阜平县	—	—	—	2 516 128.67	19 985 453.83	27 832 232.46	29 171 913.97	27 575 927.23	300 404.81	41 855 820.68
涞水县	—	—	70 353 297.40	25 084 641.98	41 824 292.91	8 440 368.69	23 042 288.68	7 101 691.73	11 141 258.29	49 247 719.07
涞源县	—	—	431 684.53	1 677 324.59	31 951 537.58	21 275 293.38	127 336 789.69	72 785 193.88	792 550.53	7 574 472.31
满城区	—	125 851 269.45	79 988 207.42	24 568 626.23	11 627 389.29	2 020 886.50	5 522 360.51	536 655.79	—	—
曲阳县	—	—	—	—	40 868 460.69	37 985 097.54	85 826 980.61	125 971 982.66	59 707 157.37	30 744 578.04
顺平县	—	15 508 086.38	72 208 216.52	28 514 013.62	24 665 096.49	8 453 445.33	23 826 427.77	8 263 656.87	6 711 152.17	1 742 103.50
唐县	—	9 029 379.94	73 667 243.76	52 903 083.35	23 361 189.13	52 334 021.32	50 092 933.76	47 882 898.65	13 688 390.06	3 682 499.24
易县	—	8 238 532.71	49 350 914.31	101 921 610.06	131 240 629.05	28 131 067.20	49 459 679.24	34 930 667.06	6 195 494.86	15 381 524.42
定州市	—	219 884 697.47	308 615 193.37	247 946 541.59	68 230 301.44	13 123 768.46	—	—	3 696 697.66	—

第二节　耕地质量等级分述

一、1级地

（一）面积与分布

将耕地质量等级分布图与行政区划图进行叠加分析，从耕地质量等级行政区域分布数据库中按权属字段检索出各等级的记录，统计各级地在各县区的分布状况。全市1级地耕地面积4 756.09 hm²，占耕地总面积的0.60%，具体见表5-3。

表5-3　1级地行政区域分布

县（市、区）	面积（m²）	分布	
		占本级耕地（%）	占总耕地（%）
安新县	11 402 785.91	23.98	0.14
高阳县	36 158 115.12	76.02	0.46

（二）主要属性分析

耕层质地：利用耕地质量等级图对土壤耕层质地栅格数据进行区域统计得知，安新县和高阳县1级地土壤耕层质地均为中壤。

质地构型：利用耕地质量等级图对土壤质地构型栅格数据进行区域统计得知，全市1级地土壤质地构型分为海绵型、上松下紧型。利用行政区划图与耕地质量等级图叠加联合形成行政区划耕地质量等级综合图，对1级地土壤耕层质地数据进行区域统计安新县海绵型面积2 115 707.42 m²，上松下紧型面积9 287 078.49 m²，高阳县全部为上松下紧型。

障碍因素：利用耕地质量等级图对障碍因素栅格数据进行区域统计得知，全市1级地无明显障碍。

灌溉能力：利用耕地质量等级图对灌溉能力栅格数据进行区域统计得知，全市1级地灌溉能力处于"满足"状态。

排水能力：利用耕地质量等级图对排水能力栅格数据进行区域统计得知，全市1级地排水能力处于"满足"和"基本满足"状态，其中高阳县处于"基本满足"状态，安新县"基本满足"状态面积为284 300.52 m²，"满足"状态面积为11 118 485.40 m²。

有机质含量：利用耕地质量等级图对土壤有机质含量栅格数据进行区域统计得知，安新县 1 级地土壤有机质含量平均为 23.74 g/kg，变化幅度在 18.82~29.01 g/kg；高阳县 1 级地土壤有机质含量平均为 19.17 g/kg，变化幅度在 16.32~20.80 g/kg。

有效磷含量：利用耕地质量等级图对土壤有效磷含量栅格数据进行区域统计得知，安新县 1 级地土壤有效磷含量平均为 40.33 mg/kg，变化幅度在 35.31~58.32 mg/kg；高阳县 1 级地土壤有效磷含量平均为 45.08 mg/kg，变化幅度在 38.69~50.01 mg/kg。

速效钾含量：利用耕地质量等级图对土壤速效钾含量栅格数据进行区域统计得知，安新县 1 级地土壤速效钾含量平均为 381.3 mg/kg，变化幅度在 187~734 mg/kg；高阳县 1 级地土壤速效钾含量平均为 305.5 mg/kg，变化幅度在 161~424 mg/kg。

pH 值：利用耕地质量等级图对土壤 pH 值栅格数据进行区域统计得知，安新县 1 级地土壤 pH 值平均为 8.42，变化幅度在 8.27~8.57；高阳县 1 级地土壤 pH 值平均为 7.78，变化幅度在 7.49~7.90。

土壤耕层厚度：利用耕地质量等级图对土壤耕层厚度栅格数据进行区域统计得知，全市 1 级地土壤耕层厚度平均为 20 cm。

土壤容重：利用耕地质量等级图对土壤容重栅格数据进行区域统计得知，安新县 1 级地平均土壤容重 1.33 g/cm³，变化幅度在 1.26~1.46 g/cm³；高阳县 1 级地平均土壤容重 1.37 g/cm³，变化幅度在 1.35~1.42 g/cm³。

盐渍化程度：根据统计得知，全市 1 级地无明显盐渍化。

二、2 级地

（一）面积与分布

将耕地质量等级分布图与行政区划图进行叠加分析，从耕地质量等级行政区域分布数据库中按权属字段检索出各等级的记录，统计各级地在各县区的分布状况。全市 2 级地耕地面积 95 023.31 hm²，占耕地总面积的 12.00%，具体见表 5-4。

表 5-4　2 级地行政区域分布

县（市、区）	面积（m²）	分布	
		占本级耕地（%）	占总耕地（%）
安新县	60 285 645.93	6.34	0.76
博野县	10 797 764.23	1.14	0.14
定兴县	20 588 755.02	2.17	0.26
高碑店市	1 727 167.83	0.18	0.02

（续表）

县（市、区）	面积（m²）	分布	
		占本级耕地（%）	占总耕地（%）
高阳县	76 661 548.27	8.07	0.97
蠡县	13 447 485.02	1.42	0.17
满城区	125 851 269.45	13.24	1.59
清苑区	19 249 492.69	2.03	0.24
容城县	3 947 734.72	0.42	0.05
顺平县	15 508 086.38	1.63	0.20
唐县	9 029 379.94	0.95	0.11
望都县	15 111 808.72	1.59	0.19
雄县	8 424 237.35	0.89	0.11
徐水区	160 913 481.50	16.93	2.03
易县	8 238 532.71	0.86	0.10
涿州市	180 566 022.15	19.00	2.28
定州市	219 884 697.47	23.14	2.78

（二）主要属性分析

耕层质地：利用耕地质量等级图对土壤耕层质地栅格数据进行区域统计得知，2级地土壤耕层质地为黏土、轻壤、砂壤、砂土和中壤。利用行政区划图与耕地质量等级图叠加联合形成行政区划耕地质量等级综合图，对土壤质地栅格数据进行区域统计，具体见表5-5。

表5-5　2级地耕地土壤质地行政区划分布　　　　　　（单位：m²）

县（市、区）	耕层质地				
	黏土	轻壤	砂壤	砂土	中壤
安新县	91 642.69	21 308 043.48	—	—	38 885 959.76
博野县	—	7 973 883.24	—	—	2 823 880.99
定兴县	—	20 588 755.02	—	—	—
高碑店市	—	1 727 167.83	—	—	—
高阳县	—	—	—	—	76 661 548.27
蠡县	—	6 488 839.38	—	—	6 958 645.64
满城区	—	117 542 159.11	1 333 509.25	—	6 975 601.09
清苑区	—	4 721 507.94	404 802.20	—	14 123 182.54
容城县	—	3 947 734.72	—	—	—

（续表）

县（市、区）	耕层质地				
	黏土	轻壤	砂壤	砂土	中壤
顺平县	—	15 508 086.38	—	—	—
唐县	—	—	—	—	9 029 379.94
望都县	—	15 056 263.08	—	—	55 545.64
雄县	—	7 320 534.70	—	—	1 103 702.64
徐水区	—	142 170 672.38	2 612 902.60	—	16 129 906.53
易县	—	8 238 532.71	—	—	—
涿州市	—	141 915 727.99	26 127 671.50	193 975.98	12 328 646.68
定州市	—	215 645 342.92	4 239 354.56	—	—

质地构型：利用耕地质量等级图对土壤质地构型栅格数据进行区域统计，再利用行政区划图与耕地质量等级图叠加联合形成行政区划耕地质量等级综合图，对 2 级地土壤质地构型数据进行区域统计，具体见表 5-6。

表5-6　2级地土壤质地构型行政区划分布　　　　　（单位：m²）

县（市、区）	质地构型						
	海绵型	夹层型	紧实型	上紧下松型	上松下紧型	松散型	通体壤
安新县	25 489 340.61	—	4 278 704.59	1 921 964.55	28 595 636.19	—	—
博野县	10 797 764.23	—	—	—	—	—	—
定兴县	—	—	12 278 984.55	3 051 900.12	5 257 870.36	—	—
高碑店市	—	—	—	—	1 727 167.83	—	—
高阳县	—	—	—	—	76 661 548.27	—	—
蠡县	236 931.69	—	—	—	6 251 907.70	—	6 958 645.64
满城区	—	—	77 441 362.60	—	—	46 103 511.81	2 306 395.04
清苑区	6 762 525.43	—	—	—	—	—	12 486 967.26
容城县	—	—	—	—	—	—	3 947 734.72
顺平县	—	—	2 048 715.09	—	—	5 550 669.42	7 908 701.87
唐县	5 989 899.22	—	—	—	—	—	3 039 480.72
望都县	—	—	15 111 808.72	—	—	—	—
雄县	—	—	—	—	—	—	8 424 237.35
徐水区	55 417 262.81	—	—	9 310 882.28	10 769 503.27	—	85 415 833.14
易县	—	7 758 145.55	480 387.16	—	—	—	—
涿州市	—	—	—	—	180 566 022.15	—	—
定州市	—	—	219 884 697.47	—	—	—	—

障碍因素：利用耕地质量等级图对障碍因素栅格数据进行区域统计得知，全市 2 级地无明显障碍，只有安新县（428 118.54 m²）和高阳县（12 376 396.30 m²）有少部分盐碱地。

灌溉能力：利用耕地质量等级图对灌溉能力栅格数据进行区域统计得知，全市 2 级地灌溉能力分为 3 个状态，具体见表 5-7。

表 5-7　2 级地灌溉能力行政区划分布　　　　　　（单位：m²）

县（市、区）	灌溉能力		
	充分满足	基本满足	满足
安新县	—	—	60 285 645.93
博野县	—	10 797 764.23	—
定兴县	—	—	20 588 755.02
高碑店市	1 727 167.83	—	—
高阳县	—	—	76 661 548.27
蠡县	—	7 195 577.32	6 251 907.70
满城区	—	—	125 851 269.45
清苑区	—	17 095 614.80	2 153 877.89
容城县	—	—	3 947 734.72
顺平县	—	—	15 508 086.38
唐县	5 989 899.22	3 039 480.72	—
望都县	15 111 808.72	—	—
雄县	—	—	8 424 237.35
徐水区	—	—	160 913 481.50
易县	—	—	8 238 532.71
涿州市	180 566 022.15	—	—
定州市	219 884 697.47	—	—

排水能力：利用耕地质量等级图对排水能力栅格数据进行区域统计得知，全市 2 级地排水能力处于"充分满足""满足"和"基本满足"状态，具体见表 5-8。

表 5-8　2 级地排水能力行政区划分布　　　　　　（单位：m²）

县（市、区）	灌溉能力		
	充分满足	基本满足	满足
安新县	—	4 463 310.01	55 822 335.92
博野县	—	—	10 797 764.23
定兴县	—	3 051 900.12	17 536 854.91
高碑店市	1 727 167.83	—	—

（续表）

县（市、区）	灌溉能力		
	充分满足	基本满足	满足
高阳县	—	76 661 548.27	—
蠡县	—	13 210 553.33	236 931.69
满城区	112 886 113.50	—	12 965 155.95
清苑区	—	2 153 877.89	17 095 614.80
容城县	—	—	3 947 734.72
顺平县	7 599 384.51	—	7 908 701.87
唐县	—	—	9 029 379.94
望都县	—	—	15 111 808.72
雄县	—	—	8 424 237.35
徐水区	—	160 913 481.50	—
易县	7 758 145.55	—	480 387.16
涿州市	180 566 022.15	—	—
定州市	—	—	219 884 697.47

有机质含量：利用耕地质量等级图对土壤有机质含量栅格数据进行区域统计得知，2 级地土壤有机质含量平均为 20.38 g/kg，变化幅度在 12.00~31.10 g/kg。利用行政区划图与耕地质量等级图叠加联合形成行政区划耕地质量等级综合图，对 2 级地土壤有机质含量栅格数据进行区域统计得知，土壤有机质含量（平均值）最高的县（市、区）是高碑店市，最低的县（市、区）是雄县，具体见表 5-9。

表 5-9　土壤有机质 2 级地行政区划分布

县（市、区）	有机质（g/kg）		
	平均值	最大值	最小值
安新县	21.39	29.00	15.90
博野县	22.74	23.30	20.40
定兴县	20.65	25.40	15.00
高碑店市	24.36	24.80	17.10
高阳县	20.73	28.00	17.30
蠡县	20.38	21.10	18.70
满城区	19.15	27.20	12.00
清苑区	21.68	25.00	17.60
容城县	22.00	22.00	22.00
顺平县	19.75	24.30	12.90
唐县	18.63	19.70	17.70

（续表）

县（市、区）	有机质（g/kg）		
	平均值	最大值	最小值
望都县	23.72	24.60	17.90
雄县	17.48	24.10	13.80
徐水区	20.84	31.10	16.30
易县	19.53	20.40	15.40
涿州市	20.35	29.70	12.10
定州市	20.41	31.00	14.40

有效磷含量：利用耕地质量等级图对土壤有效磷含量栅格数据进行区域统计得知，2级地土壤有效磷含量平均为46.72 mg/kg，变化幅度在10.50~180.40 mg/kg。利用行政区划图与耕地质量等级图叠加联合形成行政区划耕地质量等级综合图，对2级地土壤有效磷含量栅格数据进行区域统计得知，土壤有效磷含量（平均值）最高的县（市、区）是唐县，最低的县（市、区）是容城县，具体见表5-10。

表5-10 土壤有效磷2级地行政区划分布

县（市、区）	有效磷（mg/kg）		
	平均值	最大值	最小值
安新县	31.65	71.50	10.70
博野县	36.14	36.60	34.20
定兴县	50.61	55.10	45.30
高碑店市	34.12	37.80	33.90
高阳县	28.87	58.20	13.00
蠡县	40.39	50.00	34.20
满城区	53.75	163.30	10.50
清苑区	54.00	83.80	41.00
容城县	28.40	28.40	28.40
顺平县	57.67	81.50	15.30
唐县	102.50	180.40	34.50
望都县	35.74	73.70	30.80
雄县	49.84	93.90	23.00
徐水区	53.90	114.00	27.50
易县	71.07	79.50	69.30
涿州市	40.88	110.00	19.10
定州市	45.79	109.90	26.00

速效钾含量：利用耕地质量等级图对土壤速效钾含量栅格数据进行区域统计得知，2级地土壤速效钾含量平均为184.4 mg/kg，变化幅度在61~734 mg/kg。利用行政区划图与耕地质量等级图叠加联合形成行政区划耕地质量等级综合图，对2级地土壤速效钾含量栅格数据进行区域统计得知，土壤速效钾含量（平均值）最高的县（市、区）是顺平县，最低的县（市、区）是高碑店市，具体见表5-11。

表5-11 土壤速效钾2级地行政区划分布

县（市、区）	速效钾（mg/kg）		
	平均值	最大值	最小值
安新县	359.2	734	132
博野县	180.8	182	176
定兴县	244.3	321	119
高碑店市	105.1	107	73
高阳县	217.7	349	100
蠡县	244.2	424	147
满城区	189.5	414	101
清苑区	241.4	275	200
容城县	163.0	163	163
顺平县	409.8	699	133
唐县	390.4	699	121
望都县	141.8	264	82
雄县	209.3	391	162
徐水区	134.2	275	89
易县	185.4	211	180
涿州市	138.7	281	63
定州市	140.4	517	61

pH值：利用耕地质量等级图对土壤pH值栅格数据进行区域统计得知，全市土壤pH值平均为8.16，变化幅度在6.26~9.06。利用行政区划图与耕地质量等级图叠加联合形成行政区划耕地质量等级综合图，对2级地中，土壤pH值栅格数据进行区域统计得知，土壤pH（平均值）最高的县（市、区）是涿州市，最低的县（市、区）是望都县，具体见表5-12。

表 5-12　土壤 pH 值 2 级地行政区划分布

县（市、区）	酸碱度		
	平均值	最大值	最小值
安新县	8.44	8.76	8.09
博野县	8.02	8.04	7.96
定兴县	7.81	8.05	7.64
高碑店市	8.53	8.71	8.52
高阳县	7.90	8.13	7.50
蠡县	7.80	7.96	7.74
满城区	7.96	8.11	7.46
清苑区	8.26	8.51	7.89
容城县	8.35	8.35	8.35
顺平县	7.67	8.02	7.46
唐县	7.88	8.18	7.54
望都县	7.58	8.17	7.50
雄县	8.38	8.52	8.16
徐水区	7.99	8.28	7.64
易县	8.27	8.30	8.11
涿州市	8.60	9.06	8.28
定州市	7.96	8.29	6.26

地形部位：利用耕地质量等级图对地形部位栅格数据进行区域统计得知，全市 2 级地主要在平原区和洼淀区，对丘陵山区进行评价，将地形部位分为平原高阶、丘陵下部、山间盆地和微斜平原。利用行政区划图与耕地质量等级图叠加联合形成行政区划耕地质量等级综合图，对 2 级地地形部位数据进行区域统计，具体见表 5-13。

表 5-13　地形部位 2 级地丘陵山区行政区划分布

县（市、区）	地形部位（m²）			
	平原高阶	丘陵下部	山间盆地	微斜平原
满城区	115 192 508.54	8 196 286.60	2 462 474.31	—
顺平县	15 508 086.38	—	—	—
唐县	9 029 379.94	—	—	—
易县	—	480 387.16	—	7 758 145.55

地下水埋深：利用耕地质量等级图对地下水埋深栅格数据进行区域统计得知，2 级地平均地下水埋深 46.42 m，具体见表 5-14。

表 5-14　地下水埋深 2 级地行政区划分布

县（市、区）	地下水埋深（m）		
	平均值	最大值	最小值
安新县	20.91	250.00	15.00
博野县	35.00	35.00	35.00
定兴县	41.34	50.00	23.00
高碑店市	26.00	26.00	26.00
高阳县	250.00	250.00	250.00
蠡县	138.25	250.00	35.00
清苑区	28.47	30.00	17.00
容城县	22.50	22.50	22.50
望都县	30.00	30.00	30.00
雄县	30.00	30.00	30.00
徐水区	19.90	25.00	17.00
涿州市	25.13	28.00	20.00
定州市	30.00	30.00	30.00

土壤耕层厚度：利用耕地质量等级图对土壤耕层厚度栅格数据进行区域统计得知，全市 2 级地土壤耕层厚度平均为 19.9 cm，变化幅度在 15~25 cm。对 2 级地耕层厚度栅格数据进行区域统计得知，耕层厚度（平均值）最高的县（市、区）是徐水区，最低的县（市、区）是博野县，具体见表 5-15。

表 5-15　耕层厚度 2 级地行政区划分布

县（市、区）	耕层厚度（cm）		
	平均值	最大值	最小值
安新县	19.8	20	18
博野县	15.0	15	15
定兴县	21.6	25	20
高碑店市	20.0	20	20
高阳县	20.0	20	20
蠡县	19.9	20	15
清苑区	20.6	25	20
容城县	18.0	18	18
望都县	20.0	20	20
雄县	20.0	20	20
徐水区	25.0	25	25
涿州市	20.0	20	20
定州市	20.0	20	20

土壤容重：利用耕地质量等级图对土壤容重栅格数据进行区域统计得知，2级地平均土壤容重为 1.45 g/cm³，变化幅度在 1.11~1.73 g/cm³；对 2 级地土壤容重栅格数据进行区域统计得知，土壤容重（平均值）最高的县（市、区）是高碑店市，最低的县（市、区）是蠡县，具体见表 5-16。

表 5-16　土壤容重 2 级地行政区划分布

县（市、区）	土壤容重（g/cm³）		
	平均值	最大值	最小值
安新县	1.28	1.44	1.21
博野县	1.29	1.32	1.19
定兴县	1.32	1.39	1.25
高碑店市	1.59	1.60	1.59
高阳县	1.34	1.47	1.22
蠡县	1.24	1.42	1.11
清苑区	1.43	1.51	1.33
容城县	1.34	1.34	1.34
望都县	1.57	1.58	1.43
雄县	1.45	1.50	1.42
徐水区	1.47	1.60	1.30
涿州市	1.52	1.70	1.36
定州市	1.43	1.73	1.20

盐渍化程度：利用耕地质量等级图对洼淀区土壤盐渍化程度栅格数据进行区域统计得知，全市 2 级地无明显盐渍化。

三、3 级地

（一）面积与分布

将耕地质量等级分布图与行政区划图进行叠加分析，从耕地质量等级行政区域分布数据库中按权属字段检索出各等级的记录，统计各级地在各县区的分布状况。全市 3 级地，耕地面积 205 907.61 hm²，占耕地总面积的 26.00%，具体见表 5-17。

表 5-17　3 级地行政区域分布

县（市、区）	面积（m²）	分布	
		占本级耕地（%）	占总耕地（%）
安国市	10 976 803.89	0.53	0.14
安新县	133 586 927.57	6.49	1.69

（续表）

县（市、区）	面积（m²）	分布	
		占本级耕地（%）	占总耕地（%）
博野县	27 068 879.91	1.31	0.34
定兴县	205 148 767.47	9.96	2.59
高碑店市	157 646 432.03	7.66	1.99
高阳县	37 073 698.30	1.80	0.47
涞水县	70 353 297.40	3.42	0.89
涞源县	431 684.53	0.02	0.01
蠡县	44 580 947.72	2.17	0.56
满城区	79 988 207.42	3.88	1.01
清苑区	229 728 601.03	11.16	2.90
容城县	45 148 601.41	2.19	0.57
顺平县	72 208 216.52	3.51	0.91
唐县	73 667 243.76	3.58	0.93
望都县	133 112 360.19	6.46	1.68
雄县	43 334 526.12	2.10	0.55
徐水区	169 754 371.32	8.24	2.14
易县	49 350 914.31	2.40	0.62
涿州市	167 300 456.58	8.13	2.11
定州市	308 615 193.37	14.99	3.90

（二）主要属性分析

耕层质地：利用耕地质量等级图对土壤耕层质地栅格数据进行区域统计得知，3级地土壤耕层质地为黏土、轻壤、砂壤、砂土、中壤和重壤。利用行政区划图与耕地质量等级图叠加联合形成行政区划耕地质量等级综合图，对土壤质地栅格数据进行区域统计，具体见表5-18。

表5-18　3级地耕地土壤质地行政区划分布

县（市、区）	耕层质地（m²）					
	黏土	轻壤	砂壤	砂土	中壤	重壤
安国市	—	6 014 672.92	238 613.24	—	4 723 517.73	—
安新县	5 299 200.43	55 521 690.13	16 715 050.83	—	55 450 720.65	600 265.53
博野县	—	22 464 954.01	—	—	4 603 925.90	—
定兴县	—	203 278 715.91	397 333.91	—	1 152 065.29	320 652.36
高碑店市	100 912.28	140 397 867.39	9 081 496.53	—	—	8 066 155.84

（续表）

县 （市、区）	耕层质地（m²）					
	黏土	轻壤	砂壤	砂土	中壤	重壤
高阳县	—	3 988.01	1 959 716.19	—	35 109 994.11	—
涞水县	—	70 353 297.40	—	—	—	—
涞源县	—	431 684.53	—	—	—	—
蠡县	—	29 326 913.86	—	—	15 254 033.86	—
满城区	—	64 991 602.69	2 511 251.18	—	12 485 353.54	—
清苑区	5 842 088.07	74 126 565.59	19 978 889.35	—	108 321 224.39	21 459 833.63
容城县	—	45 004 281.42	—	—	144 319.99	—
顺平县	—	64 578 879.90	28 267.29	—	—	7 601 069.33
唐县	—	2 582 960.51	54 622.79	—	71 029 660.47	—
望都县	—	105 827 931.82	—	—	27 284 428.36	—
雄县	—	29 176 594.14	—	—	14 157 931.99	—
徐水区	—	154 298 888.40	8 711 008.18	—	6 744 474.74	—
易县	—	45 077 984.88	2 563 299.85	—	1 709 629.58	—
涿州市	—	104 781 423.86	59 480 963.78	—	1 964 840.61	1 073 228.33
定州市	—	168 112 791.15	131 783 934.17	8 170 276.68	548 191.37	—

质地构型：利用耕地质量等级图对土壤质地构型栅格数据进行区域统计，再利用行政区划图与耕地质量等级图叠加联合形成行政区划耕地质量等级综合图，对3级地土壤质地构型数据进行区域统计，具体见表5-19。

表5-19　3级地土壤质地构型行政区划分布

县 （市、区）	质地构型（m²）						
	海绵型	夹层型	紧实型	上紧下松型	上松下紧型	松散型	通体壤
安国市	1 604 579.96	—	948 343.63	—	8 423 880.29	—	—
安新县	59 657 740.87	—	5 917 954.18	2 061 143.72	65 950 088.80	—	—
博野县	27 068 879.91	—	—	—	—	—	—
定兴县	3 970 579.96	1 214 055.79	37 540 842.26	—	153 771 956.59	—	8 651 332.86
高碑店市	—	23 510 706.55	—	—	134 135 725.48	—	—
高阳县	524 060.29	—	—	—	3 4175 365.84	—	2 374 272.17
涞水县	70 353 297.40	—	—	—	—	—	—
涞源县	—	—	—	—	—	431 684.53	—
蠡县	—	—	38 096 995.39	—	—	—	6 483 952.32
满城区	—	—	5 4867 797.92	—	—	23 351 170.21	1 769 239.29
清苑区	44 816 078.48	28 761 016.82	2 382 623.12	—	7 077 199.89	—	146 691 682.72
容城县	—	144 319.99	1 173 028.35	—	—	—	43 831 253.07

（续表）

县 （市、区）	质地构型（m²）						
	海绵型	夹层型	紧实型	上紧下松型	上松下紧型	松散型	通体壤
顺平县	—	—	—	—	—	1 479 601.32	70 728 615.20
唐县	46 616 446.62	9 531 483.40	—	17 464 690.96	—	—	54 622.79
望都县	83 809 344.03	22 984 074.80	—	—	26 318 941.36	—	—
雄县	—	—	—	—	—	—	43 334 526.12
徐水区	57 764 833.57	—	—	—	15 238 156.43	—	96 751 381.32
易县	246 766.06	43 766 899.74	1 045 274.07	1 041 658.14	—	3 250 316.30	—
涿州市	—	—	—	—	167 300 456.58	—	—
定州市	322 318.05	—	306 209 622.61	—	2 083 252.71	—	—

障碍因素：利用耕地质量等级图对障碍因素栅格数据进行区域统计得知，全市 3 级地无明显障碍，只有安新县少部分耕地（58 269.62 m²）存在盐碱，部分耕地（24 979 799.31 m²）存在障碍层次。

灌溉能力：利用耕地质量等级图对灌溉能力栅格数据进行区域统计得知，全市 3 级地灌溉能力分为 3 个状态"充分满足""基本满足"和"满足"，具体见表 5-20。

表 5-20　3 级地灌溉能力行政区划分布

县（市、区）	灌溉能力（m²）		
	充分满足	基本满足	满足
安国市	425 247.61	10 551 556.28	—
安新县	—	24 958 139.92	108 628 787.65
博野县	—	27 068 879.91	—
定兴县	11 638 831.21	—	193 509 936.26
高碑店市	157 646 432.03	—	—
高阳县	—	2 573 299.76	34 500 398.54
涞水县	70 353 297.40	—	—
涞源县	431 684.53	—	—
蠡县	—	44 580 947.72	—
满城区	—	—	79 988 207.42
清苑区	—	229 647 775.32	80 825.72
容城县	—	1 173 028.35	43 975 573.06
顺平县	—	1 303 334.49	70 904 882.03
唐县	39 205 489.95	25 417 457.79	9 044 296.02
望都县	—	133 112 360.19	—
雄县	—	—	43 334 526.12

（续表）

县（市、区）	灌溉能力（m²）		
	充分满足	基本满足	满足
徐水区	—	713 807.94	169 040 563.38
易县	246 766.06	—	49 104 148.24
涿州市	167 300 456.58	—	—
定州市	306 209 622.61	2 405 570.76	—

排水能力：利用耕地质量等级图对排水能力栅格数据进行区域统计得知，全市 3 级地排水能力处于"充分满足""满足"和"基本满足"状态，具体见表 5-21。

表 5-21　3 级地排水能力行政区划分布

县（市、区）	排水能力（m²）		
	充分满足	基本满足	满足
安国市	—	10 551 556.28	425 247.61
安新县	—	48 633 913.21	84 953 014.37
博野县	—	—	27 068 879.91
定兴县	—	24 260 744.03	180 888 023.44
高碑店市	3 935 581.89	153 710 850.14	—
高阳县	—	36 748 665.60	325 032.70
涞水县	—	70 353 297.40	—
涞源县	431 684.53	—	—
蠡县	—	44 580 947.72	—
满城区	56 319 449.14	—	23 668 758.28
清苑区	—	12 911 192.28	216 817 408.76
容城县	—	1 173 028.35	43 975 573.06
顺平县	1 063 011.67	—	71 145 204.85
唐县	—	20 872 980.97	52 794 262.79
望都县	—	133 112 360.19	—
雄县	—	—	43 334 526.12
徐水区	—	169 040 563.38	713 807.94
易县	37 720 422.91	1 084 645.88	10 545 845.51
涿州市	153 904 542.47	13 395 914.12	—
定州市	—	2 405 570.76	306 209 622.61

有机质含量：利用耕地质量等级图对土壤有机质含量栅格数据进行区域统计得知，

3 级地土壤有机质含量平均为 18.88 g/kg，变化幅度在 7.50~31.00 g/kg。利用行政区划图与耕地质量等级图叠加联合形成行政区划耕地质量等级综合图，对 3 级地土壤有机质含量栅格数据进行区域统计得知，土壤有机质含量（平均值）最高的县（市、区）是蠡县，最低的县（市、区）是满城区，具体见表 5-22。

表 5-22　土壤有机质 3 级地行政区划分布

县（市、区）	有机质（g/kg）		
	平均值	最大值	最小值
安国市	23.72	26.80	12.60
安新县	19.92	29.00	13.60
博野县	18.40	19.70	17.00
定兴县	16.89	29.90	11.40
高碑店市	20.31	27.20	14.60
高阳县	16.22	22.80	11.80
涞水县	19.60	22.30	17.40
涞源县	19.70	19.70	19.70
蠡县	24.36	27.40	18.80
满城区	15.64	27.20	10.20
清苑区	20.34	26.70	10.20
容城县	18.47	22.90	14.30
顺平县	16.19	23.90	10.50
唐县	17.56	23.40	7.50
望都县	23.99	28.00	16.20
雄县	17.87	25.80	8.00
徐水区	18.23	22.90	11.40
易县	17.95	29.00	10.40
涿州市	17.77	26.30	11.10
定州市	20.00	31.00	12.40

有效磷含量：利用耕地质量等级图对土壤有效磷含量栅格数据进行区域统计得知，3 级地土壤有效磷含量平均为 29.39 mg/kg，变化幅度在 2.90~180.40 mg/kg。利用行政区划图与耕地质量等级图叠加联合形成行政区划耕地质量等级综合图，对土壤有效磷含量栅格数据进行区域统计得知，土壤有效磷含量（平均值）最高的县（市、区）是易县，最低的县（市、区）是高碑店市，具体见表 5-23。

表 5-23 土壤有效磷 3 级地行政区划分布

县（市、区）	有效磷（mg/kg）		
	平均值	最大值	最小值
安国市	28.55	64.30	22.10
安新县	19.48	71.50	7.40
博野县	19.87	25.30	13.80
定兴县	28.17	58.70	7.70
高碑店市	17.56	27.60	10.40
高阳县	17.69	42.90	7.40
涞水县	18.65	30.30	5.00
涞源县	42.60	42.60	42.60
蠡县	35.98	43.10	15.20
满城区	28.03	163.30	2.90
清苑区	37.75	74.10	18.10
容城县	26.49	44.20	6.90
顺平县	36.04	180.40	8.80
唐县	32.83	180.40	12.80
望都县	50.36	70.10	21.10
雄县	17.70	152.00	5.20
徐水区	25.18	58.70	7.70
易县	61.72	147.00	5.00
涿州市	28.89	110.00	4.50
定州市	24.27	109.90	7.80

速效钾含量：利用耕地质量等级图对土壤速效钾含量栅格数据进行区域统计得知，3 级地土壤速效钾含量平均为 158.5 mg/kg，变化幅度在 44~734 mg/kg。利用行政区划图与耕地质量等级图叠加联合形成行政区划耕地质量等级综合图，对土壤速效钾含量栅格数据进行区域统计得知，土壤速效钾含量（平均值）最高的县（市、区）是安新县，最低的县（市、区）是涞水县，具体见表 5-24。

表 5-24 土壤速效钾 3 级地行政区划分布

县（市、区）	速效钾（mg/kg）		
	平均值	最大值	最小值
安国市	184.6	240	113
安新县	235.0	734	110
博野县	157.5	213	123
定兴县	171.8	374	74

（续表）

县（市、区）	速效钾（mg/kg）		
	平均值	最大值	最小值
高碑店市	151.6	267	95
高阳县	203.0	378	140
涞水县	97.2	126	74
涞源县	113.0	113	113
蠡县	148.9	241	120
满城区	144.3	280	80
清苑区	191.0	430	102
容城县	128.6	204	93
顺平县	192.4	699	98
唐县	167.8	699	81
望都县	172.4	345	135
雄县	211.5	306	115
徐水区	111.2	240	69
易县	130.3	291	83
涿州市	132.1	281	44
定州市	99.1	517	53

pH 值：利用耕地质量等级图对土壤 pH 值栅格数据进行区域统计得知，3 级地土壤 pH 值平均为 8.23，变化幅度在 6.26~9.06。利用行政区划图与耕地质量等级图叠加联合形成行政区划耕地质量等级综合图，对土壤 pH 值栅格数据进行区域统计得知，土壤 pH（平均值）最高的县（市、区）是涿州市，最低的县（市、区）是涞源县，具体见表 5-25。

表 5-25　土壤 pH 值 3 级地行政区划分布

县（市、区）	酸碱度		
	平均值	最大值	最小值
安国市	7.84	8.30	7.78
安新县	8.46	8.86	7.94
博野县	8.03	8.07	7.95
定兴县	8.05	8.52	7.56
高碑店市	8.07	8.66	7.81
高阳县	7.94	8.86	7.49
涞水县	8.27	8.35	8.20

（续表）

县（市、区）	酸碱度		
	平均值	最大值	最小值
涞源县	7.55	7.55	7.55
蠡县	7.91	7.97	7.73
满城区	8.06	8.19	7.67
清苑区	8.36	8.64	7.84
容城县	8.28	8.50	8.06
顺平县	7.91	8.18	7.54
唐县	8.10	8.28	7.54
望都县	8.31	8.41	8.02
雄县	8.27	8.42	8.04
徐水区	8.25	8.64	7.86
易县	8.08	8.33	7.60
涿州市	8.64	9.06	8.05
定州市	7.93	8.47	6.26

地形部位：利用耕地质量等级图对丘陵山区地形部位栅格数据进行区域统计得知，全市三级地丘陵山区地形部位分为低平原、宽谷盆地、平原高阶、丘陵下部、丘陵中部、山间盆地和微斜平原。利用行政区划图与耕地质量等级图叠加联合形成行政区划耕地质量等级综合图，对3级地地形部位数据进行区域统计，具体见表5-26。

表5-26　地形部位3级地丘陵山区行政区划分布

县（市、区）	地形部位（m²）						
	低平原	宽谷盆地	平原高阶	丘陵下部	丘陵中部	山间盆地	微斜平原
涞水县	70 353 297.40	—	—	—	—	—	—
涞源县	—	431 684.53	—	—	—	—	—
满城区	—	—	50 751 187.61	28 970 507.33	—	266 512.48	—
顺平县	—	—	71 236 612.67	416 589.65	555 014.20	—	—
唐县	—	17 464 690.96	56 202 552.80	—	—	—	—
易县	246 766.06	—	—	15 767 883.38	—	—	33 336 264.87

地下水埋深：利用耕地质量等级图对地下水埋深栅格数据进行区域统计得知，3级地平均地下水埋深34.77m。高阳县地下水埋深平均深度最大，高碑店市地下水埋深平均深度最小，全市地下水埋深变化幅度为1.00~250.00 m。具体见表5-27。

表 5-27　地下水埋深 3 级地行政区划分布

县（市、区）	地下水埋深（m）		
	平均值	最大值	最小值
安国市	29.20	40.00	28.00
安新县	47.55	250.00	15.00
博野县	35.00	35.00	35.00
定兴县	40.86	50.00	10.79
高碑店市	17.96	30.01	10.79
高阳县	235.38	250.00	15.00
蠡县	50.00	50.00	50.00
清苑区	30.54	45.00	18.00
容城县	22.30	22.50	15.00
望都县	40.50	45.00	35.00
雄县	29.44	30.00	22.50
徐水区	18.63	30.00	15.00
涿州市	23.29	28.00	1.00
定州市	30.21	45.00	30.00

土壤耕层厚度：利用耕地质量等级图对土壤耕层厚度栅格数据进行区域统计得知，全市 3 级地土壤耕层厚度平均为 19.0 cm，变化幅度在 15~40 cm。对耕层厚度栅格数据进行区域统计得知，耕层厚度（平均值）最高的县（市、区）是徐水区，最低的县（市、区）是博野县，具体见表 5-28。

表 5-28　耕层厚度 3 级地行政区划分布

县（市、区）	耕层厚度（cm）		
	平均值	最大值	最小值
安国市	16.2	40	15
安新县	19.7	20	18
博野县	15.0	15	15
定兴县	19.8	25	15
高碑店市	15.1	20	15
高阳县	22.7	25	20
蠡县	20.0	20	20
清苑区	19.8	25	16
容城县	16.8	21	15
望都县	16.0	16	16
雄县	20.1	21	20
徐水区	25.0	25	20
涿州市	19.9	20	15
定州市	19.6	40	16

土壤容重：利用耕地质量等级图对土壤容重栅格数据进行区域统计得知，3 级地平均土壤容重为 1.44 g/cm³，变化幅度在 1.11~1.75 g/cm³；对 3 级地土壤容重栅格数据进行区域统计得知，土壤容重（平均值）最高的县（市、区）是徐水区，最低的县（市、区）是蠡县，具体见表 5-29。

表 5-29　土壤容重 3 级地行政区划分布

县（市、区）	土壤容重（g/cm³）		
	平均值	最大值	最小值
安国市	1.36	1.51	1.25
安新县	1.32	1.46	1.21
博野县	1.27	1.35	1.21
定兴县	1.51	1.66	1.29
高碑店市	1.35	1.57	1.27
高阳县	1.38	1.48	1.19
蠡县	1.17	1.33	1.11
清苑区	1.46	1.64	1.32
容城县	1.52	1.75	1.31
望都县	1.39	1.42	1.35
雄县	1.44	1.55	1.32
徐水区	1.55	1.61	1.30
涿州市	1.50	1.70	1.27
定州市	1.38	1.73	1.18

盐渍化程度：利用耕地质量等级图对洼淀区土壤盐渍化程度栅格数据进行区域统计得知，全市 3 级地无明显盐渍化。

四、4 级地

（一）面积与分布

将耕地质量等级分布图与行政区划图进行叠加分析，从耕地质量等级行政区域分布数据库中按权属字段检索出各等级的记录，统计各级地在各县区的分布状况。全市 4 级地，耕地面积 180 888.75 hm²，占耕地总面积的 22.84%，具体见表 5-30。

表 5-30　4 级地行政区域分布

县（市、区）	面积（m²）	分布	
		占本级耕地（%）	占总耕地（%）
安国市	106 071 041.91	5.86	1.34
安新县	64 846 557.25	3.58	0.82
博野县	67 041 197.56	3.71	0.85
定兴县	185 478 121.51	10.25	2.34
阜平县	2 516 128.67	0.14	0.03
高碑店市	99 031 503.15	5.47	1.25
高阳县	78 208 295.01	4.32	0.99
涞水县	25 084 641.98	1.39	0.32
涞源县	1 677 324.59	0.09	0.02
蠡县	188 151 590.05	10.40	2.38
满城区	24 568 626.23	1.36	0.31
清苑区	110 858 706.57	6.13	1.40
容城县	89 499 672.23	4.95	1.13
顺平县	28 514 013.62	1.58	0.36
唐县	52 903 083.35	2.92	0.67
望都县	77 157 913.50	4.27	0.97
雄县	135 055 627.07	7.47	1.71
徐水区	63 747 414.93	3.52	0.81
易县	101 921 610.06	5.63	1.29
涿州市	58 607 912.50	3.25	0.74
定州市	247 946 541.59	13.71	3.13

（二）主要属性分析

耕层质地：利用耕地质量等级图对土壤耕层质地栅格数据进行区域统计得知，4 级地土壤耕层质地为黏土、轻壤、砂壤、砂土、中壤和重壤。利用行政区划图与耕地质量等级图叠加联合形成行政区划耕地质量等级综合图，对土壤质地栅格数据进行区域统计，具体见表 5-31。

表 5-31　4 级地耕地土壤质地行政区划分布

县 （市、区）	耕层质地（m²）					
	黏土	轻壤	砂壤	砂土	中壤	重壤
安国市	—	70 216 732.41	28 670 482.85	—	7 183 826.64	
安新县	1 762 653.67	23 620 687.96	33 133 693.32	—	5 671 840.30	657 682.00
博野县	—	56 247 564.80	5 922 877.33	—	4 870 755.43	
定兴县	—	159 927 195.72	23 745 196.72	—	44 146.67	1 761 582.41
阜平县	—	439 781.06	2 076 347.61	—		
高碑店市	741 685.90	56 084 078.49	39 402 408.45	—	—	2 803 330.32
高阳县	—	—	19 545 110.94	—	54 941 641.33	3 721 542.73
涞水县	—	19 710 493.06	5 374 148.92	—		
涞源县	—		1 677 324.59	—		
蠡县	—	124 398 466.76	34 375 365.07	442 461.90	28 935 296.32	
满城区	—	22 531 882.95	—	—	2 036 743.28	
清苑区	1 246 316.87	22 522 139.59	31 191 922.59	—	50 878 263.38	5 020 064.14
容城县	—	86 629 909.40	1 103 614.71	—	1 766 148.12	
顺平县	—	25 733 934.04	—	—		2 780 079.58
唐县	—	6 278 004.70	—	—	46 625 078.65	
望都县	6 528 106.24	42 487 566.33	24 051 165.28	—	4 091 075.64	
雄县	—	57 865 519.42	31 362 492.28	—	26 478 149.46	19 349 465.91
徐水区	—	60 484 082.67	3 263 332.27	—	—	—
易县	—	94 558 891.55	5 439 352.46	—	1 923 366.05	
涿州市	—	33 623 622.00	24 984 290.49	—	—	
定州市	—	56 116 675.12	183 418 276.56	8 411 589.91	—	

　　质地构型：利用耕地质量等级图对土壤质地构型栅格数据进行区域统计，再利用行政区划图与耕地质量等级图叠加联合形成行政区划耕地质量等级综合图，对 4 级地土壤质地构型数据进行区域统计，具体见表 5-32。

表 5-32　4 级地土壤质地构型行政区划分布

县（市、区）	质地构型（m²）			
	海绵型	夹层型	紧实型	上紧下松型
安国市	61 186 500.42	—	36 708 330.34	—
安新县	19 121 883.68	1 923 795.59	17 732 741.19	2 939 762.03
博野县	57 583 796.92	—	1 273 508.99	—
定兴县	—	—	63 230 167.67	7 567 876.17
阜平县	439 781.06	—	—	—
高碑店市	—	25 701 902.76	—	20 306 689.69

（续表）

县（市、区）	质地构型（m²）			
	海绵型	夹层型	紧实型	上紧下松型
高阳县	1 676 113.83	—	6 350.11	—
涞水县	11 150 869.54	7 598 236.75	—	—
涞源县	—	—	—	—
蠡县	10 431 058.22	—	169 281 946.63	—
满城区	—	—	9 941 098.27	—
清苑区	40 192 169.99	1 674 336.58	4 178 647.43	—
容城县	—	18 314 664.14	—	—
顺平县	—	—	—	13 092.09
唐县	31 947 189.68	13 368 963.68	5 103 977.51	2 482 952.48
望都县	29 597 818.34	38 069 174.70	1 542 150.84	—
雄县	—	16 326 360.96	—	—
徐水区	21 792 074.24	—	7 739 983.79	8 320 417.36
易县	—	52 981 007.15	6 815 367.69	28 274 230.02
涿州市	—	—	—	—
定州市	19 692 578.58	—	224 137 004.92	—

县（市、区）	质地构型（m²）			
	上松下紧型	松散型	通体壤	通体砂
安国市	8 176 211.14	—	—	—
安新县	17 386 357.68	—	5 742 017.08	—
博野县	8 183 891.66	—	—	—
定兴县	114 372 337.07	—	307 740.61	—
阜平县	—	2 076 347.61	—	—
高碑店市	53 022 910.70	—	—	—
高阳县	76 525 831.07	—	—	—
涞水县	—	5 776 098.82	—	559 436.87
涞源县	—	1 677 324.59	—	—
蠡县	333 424.96	—	8 105 160.25	—
满城区	—	14 451 726.55	175 801.41	—
清苑区	100 500.18	—	64 713 052.39	—
容城县	—	—	71 185 008.08	—
顺平县	—	—	28 500 921.54	—
唐县	—	—	—	—
望都县	3 742 983.92	815 726.54	3 390 059.16	—
雄县	—	—	118 729 266.11	—
徐水区	—	—	25 894 939.54	—
易县	—	8 542 018.65	—	5 308 986.54
涿州市	58 607 912.50	—	—	—
定州市	4 116 958.09	—	—	—

障碍因素：利用耕地质量等级图对障碍因素栅格数据进行区域统计得知，全市 4 级地无明显障碍，只有安新县（570 609.85 m²）和高阳县（1 362 247.33 m²）有少部分盐碱地，唐县（5 103 977.51 m²）有少量瘠薄地，安新县（4 092 188.7 m²）存在障碍层次。

灌溉能力：利用耕地质量等级图对灌溉能力栅格数据进行区域统计得知，全市 4 级地灌溉能力分为 4 个状态"充分满足""基本满足""满足"和"不满足"，具体见表 5-33。

表 5-33　4 级地灌溉能力行政区划分布

县（市、区）	灌溉能力（m²）			
	不满足	充分满足	基本满足	满足
安国市	—	—	106 071 041.91	—
安新县	—	—	20 847 827.33	43 998 729.91
博野县	—	—	67 041 197.56	—
定兴县	—	—	—	185 478 121.51
阜平县	—	2 076 347.61	—	439 781.06
高碑店市	—	77 744 052.33	—	21 287 450.83
高阳县	—	—	950 218.20	77 258 076.81
涞水县	—	23 329 075.70	—	1 755 566.28
涞源县	—	1 677 324.59	—	—
蠡县	—	—	187 818 165.09	333 424.96
满城区	—	—	—	24 568 626.23
清苑区	—	—	110 643 078.18	215 628.38
容城县	—	—	7 714 856.31	81 784 815.91
顺平县	—	13 092.09	1 343 709.35	27 157 212.19
唐县	—	26 576 081.26	19 240 858.18	7 086 143.91
望都县	—	1 542 150.84	75 615 762.66	—
雄县	—	—	—	135 055 627.07
徐水区	—	—	1 142 734.91	62 604 680.02
易县	—	—	—	101 921 610.06
涿州市	8 537 348.96	50 070 563.53	—	—
定州市	—	224 137 004.92	23 809 536.67	—

排水能力：利用耕地质量等级图对排水能力栅格数据进行区域统计得知，全市 4 级地排水能力处于"充分满足""满足"和"基本满足"状态，具体见表 5-34。

表 5-34 4 级地排水能力行政区划分布

县（市、区）	排水能力（m²）		
	充分满足	基本满足	满足
安国市	—	106 071 041.91	—
安新县	—	33 481 452.22	31 365 105.02
博野县	—	1 273 508.99	65 767 688.57
定兴县	—	7 875 616.78	177 602 504.74
阜平县	2 516 128.67	—	—
高碑店市	—	90 441 410.75	8 590 092.41
高阳县	—	77 476 049.27	732 245.74
涞水县	1 196 129.41	23 329 075.70	559 436.87
涞源县	1 677 324.59	—	—
蠡县	—	177 720 531.83	10 431 058.22
满城区	13 640 870.53	—	10 927 755.70
清苑区	—	316 128.56	110 542 578.01
容城县	—	12 730 136.17	76 769 536.06
顺平县	—	—	28 514 013.62
唐县	3 505 878.24	19 423 407.54	29 973 797.57
望都县	—	72 225 703.50	4 932 210.00
雄县	—	16 326 360.96	118 729 266.11
徐水区	—	54 864 696.23	8 882 718.70
易县	66 634 395.33	12 089 252.35	23 197 962.38
涿州市	49 840 617.32	8 767 295.17	—
定州市	—	23 809 536.67	224 137 004.92

有机质含量：利用耕地质量等级图对土壤有机质含量栅格数据进行区域统计得知，4 级地土壤有机质含量平均为 17.10 g/kg，变化幅度在 7.20～30.10 g/kg。利用行政区划图与耕地质量等级图叠加联合形成行政区划耕地质量等级综合图，对 4 级地土壤有机质含量栅格数据进行区域统计得知，土壤有机质含量（平均值）最高的县（市、区）是蠡县，最低的县（市、区）是雄县，具体见表 5-35。

表 5-35 土壤有机质 4 级地行政区划分布

县（市、区）	有机质（g/kg）		
	平均值	最大值	最小值
安国市	18.78	26.80	11.60
安新县	19.61	24.00	8.50
博野县	17.22	21.70	10.90

（续表）

县（市、区）	有机质（g/kg）		
	平均值	最大值	最小值
定兴县	17.60	23.00	13.50
阜平县	19.63	19.70	17.60
高碑店市	18.29	27.20	12.10
高阳县	13.42	28.00	8.50
涞水县	20.36	23.10	13.30
涞源县	19.70	19.70	19.70
蠡县	21.00	30.10	9.70
满城区	14.22	18.20	10.20
清苑区	17.49	26.70	10.00
容城县	17.22	21.20	11.80
顺平县	13.05	19.60	9.40
唐县	13.53	20.70	8.10
望都县	20.82	27.80	14.10
雄县	12.48	23.60	7.20
徐水区	17.96	22.50	11.60
易县	17.12	29.00	10.40
涿州市	13.14	26.30	8.60
定州市	17.55	25.10	9.80

有效磷含量：利用耕地质量等级图对土壤有效磷含量栅格数据进行区域统计得知，4级地土壤有效磷含量平均为 20.72 mg/kg，变化幅度在 2.00~147.00 mg/kg。利用行政区划图与耕地质量等级图叠加联合形成行政区划耕地质量等级综合图，对土壤有效磷含量栅格数据进行区域统计得知，土壤有效磷含量（平均值）最高的县（市、区）是易县，最低的县（市、区）是满城区，具体见表5-36。

表5-36 土壤有效磷4级地行政区划分布

县（市、区）	有效磷（mg/kg）		
	平均值	最大值	最小值
安国市	24.76	64.30	7.80
安新县	16.38	45.10	2.80
博野县	12.57	26.50	4.70
定兴县	14.14	37.70	7.70
阜平县	41.78	42.60	19.60
高碑店市	12.99	27.60	3.40

（续表）

县（市、区）	有效磷（mg/kg）		
	平均值	最大值	最小值
高阳县	19.47	58.20	3.60
涞水县	14.78	65.70	5.70
涞源县	42.60	42.60	42.60
蠡县	19.30	43.10	5.30
满城区	7.49	20.60	2.00
清苑区	19.54	58.60	10.90
容城县	12.68	28.70	3.00
顺平县	19.72	74.40	7.80
唐县	31.04	86.10	4.20
望都县	29.18	60.30	12.30
雄县	17.27	32.70	5.20
徐水区	13.03	44.70	6.90
易县	50.08	147.00	2.70
涿州市	22.86	42.90	3.40
定州市	15.39	66.10	7.20

速效钾含量：利用耕地质量等级图对土壤速效钾含量栅格数据进行区域统计得知，4级地土壤速效钾含量平均为140.2 mg/kg，变化幅度在53~623 mg/kg。利用行政区划图与耕地质量等级图叠加联合形成行政区划耕地质量等级综合图，对土壤速效钾含量栅格数据进行区域统计得知，土壤速效钾含量（平均值）最高的县（市、区）是安国市，最低的县（市、区）是定州市，具体见表5-37。

表5-37 土壤速效钾4级地行政区划分布

县（市、区）	速效钾（mg/kg）		
	平均值	最大值	最小值
安国市	202.0	381	89
安新县	201.1	623	82
博野县	109.0	213	76
定兴县	115.5	374	53
阜平县	113.7	132	113
高碑店市	136.5	267	71
高阳县	142.1	401	86
涞水县	104.8	171	92

（续表）

县（市、区）	速效钾（mg/kg）		
	平均值	最大值	最小值
涞源县	113.0	113	113
蠡县	181.3	345	109
满城区	142.6	185	93
清苑区	132.5	430	73
容城县	100.0	138	82
顺平县	120.6	192	93
唐县	120.4	192	81
望都县	173.0	344	79
雄县	160.1	275	82
徐水区	101.8	150	59
易县	155.2	291	70
涿州市	108.6	214	57
定州市	87.1	302	53

pH 值：利用耕地质量等级图对土壤 pH 值栅格数据进行区域统计得知，4 级地土壤 pH 值平均为 8.15，变化幅度在 6.94~8.90。利用行政区划图与耕地质量等级图叠加联合形成行政区划耕地质量等级综合图，对土壤 pH 值栅格数据进行区域统计得知，土壤 pH（平均值）最高的县（市、区）是涿州市，最低的县（市、区）是涞源县，具体见表 5-38。

表 5-38　土壤 pH 值 4 级地行政区划分布

县（市、区）	酸碱度		
	平均值	最大值	最小值
安国市	7.74	8.32	7.56
安新县	8.46	8.86	7.91
博野县	8.03	8.18	7.75
定兴县	8.11	8.52	7.28
阜平县	7.56	7.86	7.55
高碑店市	8.00	8.27	7.81
高阳县	7.93	8.74	7.50
涞水县	8.26	8.50	7.50

（续表）

县（市、区）	酸碱度		
	平均值	最大值	最小值
涞源县	7.55	7.55	7.55
蠡县	7.92	8.16	7.69
满城区	8.09	8.13	7.84
清苑区	8.51	8.70	7.84
容城县	8.33	8.47	8.13
顺平县	7.99	8.02	7.90
唐县	8.12	8.26	7.97
望都县	8.34	8.45	7.80
雄县	8.36	8.52	8.04
徐水区	8.23	8.64	8.05
易县	7.93	8.50	7.50
涿州市	8.60	8.90	8.05
定州市	8.15	8.51	6.94

地形部位：利用耕地质量等级图对丘陵山区地形部位栅格数据进行区域统计得知，全市4级地丘陵山区地形部位分为低平原、河谷阶地、宽谷盆地、平原高阶、丘陵下部、丘陵中部和微斜平原。利用行政区划图与耕地质量等级图叠加联合形成行政区划耕地质量等级综合图，对4级地地形部位数据进行区域统计，具体见表5-39。

表5-39　地形部位4级地丘陵山区行政区划分布

县（市、区）	地形部位（m²）						
	低平原	河谷阶地	宽谷盆地	平原高阶	丘陵下部	丘陵中部	微斜平原
阜平县	—	—	2 516 128.67	—	—	—	—
涞水县	18 283 184.00	5 045 891.70	—	—	465 922.29	—	1 289 643.99
涞源县	—	—	1 677 324.59	—	—	—	—
满城区	—	—	—	9 860 590.54	14 708 035.69	—	—
顺平县	—	—	13 092.09	27 288 512.02	—	1 212 409.51	—
唐县	—	—	2 482 952.48	50 420 130.87	—	—	—
易县	—	—	—	75 578 315.27	—	—	26 343 294.78

地下水埋深：利用耕地质量等级图对地下水埋深栅格数据进行区域统计得知，4级地平均地下水埋深43.21 m。高阳县地下水埋深平均深度最大，高碑店市地下水埋深平

均深度最小，全市地下水埋深变化幅度在 1.00~250.00 m，具体见表 5-40。

表 5-40　地下水埋深 4 级地行政区划分布

县（市、区）	地下水埋深（m）		
	平均值	最大值	最小值
安国市	28.01	40.00	28.00
安新县	36.59	250.00	15.00
博野县	35.58	50.00	35.00
定兴县	41.73	50.00	20.00
高碑店市	21.84	35.00	10.79
高阳县	245.64	250.00	15.00
蠡县	49.55	250.00	35.00
清苑区	29.99	40.00	15.00
容城县	22.50	22.50	22.50
望都县	41.97	45.00	28.00
雄县	28.49	30.00	22.50
徐水区	22.07	50.00	15.00
涿州市	22.92	30.00	1.00
定州市	30.44	45.00	28.00

土壤耕层厚度：利用耕地质量等级图对土壤耕层厚度栅格数据进行区域统计得知，全市 4 级地土壤耕层厚度平均为 18.7 cm，变化幅度在 14~40 cm。对耕层厚度栅格数据进行区域统计得知，耕层厚度（平均值）最高的县（市、区）是徐水区，最低的县（市、区）是安国市，具体见表 5-41。

表 5-41　耕层厚度 4 级地行政区划分布

县（市、区）	耕层厚度（cm）		
	平均值	最大值	最小值
安国市	15.0	16	15
安新县	19.3	20	14
博野县	15.2	20	15
定兴县	20.3	25	20
高碑店市	15.6	20	15
高阳县	20.0	20	20
蠡县	19.7	20	15
清苑区	20.0	25	16
容城县	16.5	19	14

（续表）

县（市、区）	耕层厚度（cm）		
	平均值	最大值	最小值
望都县	16.6	40	15
雄县	19.8	21	16
徐水区	24.5	25	20
涿州市	19.5	20	15
定州市	19.6	40	15

土壤容重：利用耕地质量等级图对土壤容重栅格数据进行区域统计得知，4级地平均土壤容重为 1.40 g/cm³，变化幅度在 1.00~1.72 g/cm³；对4级地土壤容重栅格数据进行区域统计得知，土壤容重（平均值）最高的县（市、区）是徐水区，最低的县（市、区）是蠡县，具体见表5-42。

表5-42 土壤容重4级地行政区划分布

县（市、区）	土壤容重（g/cm³）		
	平均值	最大值	最小值
安国市	1.34	1.53	1.15
安新县	1.36	1.62	1.21
博野县	1.34	1.45	1.18
定兴县	1.44	1.62	1.30
高碑店市	1.35	1.61	1.20
高阳县	1.43	1.55	1.21
蠡县	1.21	1.55	1.00
清苑区	1.44	1.64	1.38
容城县	1.51	1.72	1.40
望都县	1.40	1.54	1.33
雄县	1.42	1.55	1.35
徐水区	1.54	1.62	1.38
涿州市	1.50	1.65	1.21
定州市	1.37	1.64	1.18

盐渍化程度：利用耕地质量等级图对洼淀区土壤盐渍化程度栅格数据进行区域统计得知，全市4级地无明显盐渍化。

五、5 级地

（一）面积与分布

将耕地质量等级分布图与行政区划图进行叠加分析，从耕地质量等级行政区域分布数据库中按权属字段检索出各等级的记录，统计各级地在各县区的分布状况。全市 5 级地，耕地面积 117 244.40 hm²，占耕地总面积的 14.81%，具体见表 5-43。

表 5-43　5 级地行政区域分布

县（市、区）	面积（m²）	分布	
		占本级耕地（%）	占总耕地（%）
安国市	104 466 832.08	8.91	1.32
安新县	33 549 893.50	2.86	0.42
博野县	61 801 320.04	5.27	0.78
定兴县	40 928 745.08	3.49	0.52
阜平县	19 985 453.83	1.70	0.25
高碑店市	68 579 816.59	5.85	0.87
高阳县	50 035 891.18	4.27	0.63
涞水县	41 824 292.91	3.57	0.53
涞源县	31 951 537.58	2.73	0.40
蠡县	108 164 102.76	9.23	1.37
满城区	11 627 389.29	0.99	0.15
清苑区	120 097 135.81	10.24	1.52
曲阳县	40 868 460.69	3.49	0.52
容城县	29 875 238.06	2.55	0.38
顺平县	24 665 096.49	2.10	0.31
唐县	23 361 189.13	1.99	0.30
望都县	26 516 573.88	2.26	0.33
雄县	60 525 913.59	5.16	0.76
徐水区	45 269 563.85	3.86	0.57
易县	131 240 629.05	11.20	1.66
涿州市	28 878 653.76	2.46	0.36
定州市	68 230 301.44	5.82	0.86

（二）主要属性分析

耕层质地：利用耕地质量等级图对土壤耕层质地栅格数据进行区域统计得知，5 级地土壤耕层质地为黏土、轻壤、砂壤、砂土、中壤和重壤。利用行政区划图与耕地质量等级图叠加联合形成行政区划耕地质量等级综合图，对土壤质地栅格数据进行区域统计，具体见表5-44。

表 5-44　5 级地耕地土壤质地行政区划分布

县 （市、区）	耕层质地（m²）					
	黏土	轻壤	砂壤	砂土	中壤	重壤
安国市	—	28 743 509.84	70 808 953.34	—	4 914 368.89	—
安新县	1 571 242.47	6 244 424.21	24 161 907.57	—	1 572 319.26	—
博野县	—	52 581 141.23	9 220 178.81	—	—	—
定兴县	—	33 428 943.01	4 799 048.05	—	—	2 700 754.02
阜平县	—	7 989 377.32	11 996 076.51	—	—	—
高碑店市	19 318.10	33 290 020.59	31 310 224.05	—	—	3 960 253.85
高阳县	—	—	5 464 654.08	—	44 571 237.10	—
涞水县	—	29 004 431.35	11 921 014.79	898 846.77	—	—
涞源县	—	28 944 355.14	3 007 182.44	—	—	—
蠡县	—	53 183 426.16	42 052 272.41	3 659 064.83	9 269 339.36	—
满城区	—	9 428 163.45	1 526 756.17	—	672 469.67	—
清苑区	297 520.00	35 438 814.28	33 318 113.04	—	41 539 202.62	9 503 485.86
曲阳县	—	40 868 460.69	—	—	—	—
容城县	—	27 039 477.33	1 988 832.45	—	846 928.28	—
顺平县	—	23 723 415.51	96 619.17	—	—	845 061.80
唐县	—	739 235.79	2 227 550.29	2 405 035.48	17 989 367.57	—
望都县	—	13 065 249.74	11 733 633.99	—	1 717 690.15	—
雄县	—	45 174 968.27	15 350 945.32	—	—	—
徐水区	—	42 009 720.27	3 259 843.57	—	—	—
易县	—	78 691 877.47	49 060 923.56	—	3 487 828.03	—
涿州市	—	8 955 686.14	19 922 967.63	—	—	—
定州市	—	23 747 872.40	31 458 861.54	13 023 567.50	—	—

质地构型：利用耕地质量等级图对土壤质地构型栅格数据进行区域统计，再利用行政区划图与耕地质量等级图叠加联合形成行政区划耕地质量等级综合图，对 5 级地土壤质地构型数据进行区域统计，具体见表5-45。

表 5-45　5 级地土壤质地构型行政区划分布

县（市、区）	质地构型（m²）			
	海绵型	夹层型	紧实型	上紧下松型
安国市	25 227 961.98	—	68 327 913.21	—
安新县	4 149 818.50	8 030 569.90	6 022 032.57	1 687 363.53
博野县	48 084 725.55	—	1 477 177.91	—
定兴县	—	—	18 076 006.50	—
阜平县	15 523 950.17	—	—	—
高碑店市	—	1 846 312.23	255 840.80	22 903 004.31
高阳县	—	—	—	—
涞水县	15 933 962.84	7 066 814.07	—	—
涞源县	7 144 193.85	—	—	—
蠡县	8 493 495.37	—	74 769 322.33	—
满城区	—	—	6 318 334.27	—
清苑区	26 401 210.21	—	30 377 781.24	11 560 057.48
曲阳县	21 127 703.84	—	16 540 071.65	2 153 770.74
容城县	—	11 011 823.96	—	—
顺平县	1 391 915.42	—	—	—
唐县	16 319 510.88	—	2 213 020.13	4 828 658.11
望都县	22 079.32	6 874 862.50	—	—
雄县	—	20 066 426.35	—	—
徐水区	3 837 363.34	—	—	14 562 174.12
易县	1 411 564.99	76 240 678.58	4 864 172.41	21 456 487.10
涿州市	—	—	—	—
定州市	178 370.41	—	67 503 023.16	—

县（市、区）	质地构型（m²）			
	上松下紧型	松散型	通体壤	通体砂
安国市	7 751 839.14	3 159 117.75	—	—
安新县	6 515 784.77	—	7 144 324.24	—
博野县	3 867 529.64	8 371 886.94	—	—
定兴县	22 852 738.57	—	—	—
阜平县	—	4 461 503.65	—	—
高碑店市	37 098 041.55	6 476 617.70	—	—
高阳县	50 035 891.18	—	—	—
涞水县	—	18 823 516.00	—	—
涞源县	24 775 683.39	31 660.34	—	—
蠡县	2 607 487.70	—	22 293 797.37	—
满城区	—	1 350 141.77	3 958 913.24	—
清苑区	—	1 186 845.95	50 571 240.92	—
曲阳县	—	1 046 914.45	—	—
容城县	—	—	18 863 414.10	—
顺平县	—	—	23 273 181.06	—
唐县	—	—	—	—
望都县	—	14 020 141.33	5 599 490.74	—
雄县	—	—	40 459 487.24	—
徐水区	—	20 108 028.77	6 761 997.62	—
易县	87 439.29	27 128 662.49	—	51 624.20
涿州市	28 878 653.76	—	—	—
定州市	14 201.46	534 706.40	—	—

障碍因素：利用耕地质量等级图对障碍因素栅格数据进行区域统计得知，再利用行政区划图与耕地质量等级图叠加联合形成行政区划耕地质量等级综合图，对 5 级地障碍因素数据进行区域统计，具体见表 5-46。

表 5-46 5 级地障碍因素行政区划分布

县（市、区）	障碍因素（m²）			
	瘠薄	无	盐碱	障碍层次
安国市	—	104 466 832.08	—	—
安新县	—	31 862 529.97	—	1 687 363.53
博野县	—	61 801 320.04	—	—
定兴县	—	40 928 745.08	—	—
阜平县	379 481.82	16 135 590.30	—	3 470 381.71
高碑店市	6 476 617.70	62 103 198.89	—	—
高阳县	—	50 035 891.18	—	—
涞水县	8 147 504.83	33 676 788.08	—	—
涞源县	—	31 919 877.24	—	31 660.34
蠡县	—	108 164 102.76	—	—
满城区	—	11 627 389.29	—	—
清苑区	—	120 097 135.81	—	—
曲阳县	1 046 914.45	23 281 474.58	16 540 071.65	—
容城县	—	29 875 238.06	—	—
顺平县	—	24 665 096.49	—	—
唐县	9 090 193.81	14 270 995.32	—	—
望都县	—	26 516 573.88	—	—
雄县	—	60 525 913.59	—	—
徐水区	—	45 269 563.85	—	—
易县	—	131 240 629.05	—	—
涿州市	—	28 878 653.76	—	—
定州市	—	68 230 301.44	—	—

灌溉能力：利用耕地质量等级图对灌溉能力栅格数据进行区域统计得知，5 级地灌溉能力分为 4 个状态"充分满足""基本满足""满足"和"不满足"，具体见表 5-47。

表 5-47 5 级地灌溉能力行政区划分布

县（市、区）	灌溉能力（m²）			
	不满足	充分满足	基本满足	满足
安国市	—	—	104 466 832.08	—
安新县	—	—	9 627 879.36	23 922 014.14
博野县	—	—	61 801 320.04	—
定兴县	—	4 491 461.88	—	36 437 283.19

（续表）

县（市、区）	灌溉能力（m²）			
	不满足	充分满足	基本满足	满足
阜平县	—	—	—	19 985 453. 83
高碑店市	116 937. 78	58 923 857. 00	—	9 539 021. 81
高阳县	—	—	—	50 035 891. 18
涞水县	—	34 232 352. 67	7 591 940. 24	—
涞源县	24 775 683. 39	—	—	7 175 854. 19
蠡县	—	—	105 556 615. 06	2 607 487. 70
满城区	—	—	3 217 101. 06	8 410 288. 23
清苑区	—	—	120 097 135. 81	—
曲阳县	—	—	—	40 868 460. 69
容城县	—	—	11 547 395. 68	18 327 842. 38
顺平县	—	—	8 315 014. 39	16 350 082. 09
唐县	—	2 765 535. 28	13 718 480. 18	6 877 173. 67
望都县	—	—	26 516 573. 88	—
雄县	—	—	—	60 525 913. 59
徐水区	—	—	3 837 363. 34	4 1432 200. 50
易县	87 439. 29	307 265. 17	1 411 564. 99	12 9434 359. 60
涿州市	15 422 610. 62	13 456 043. 15	—	—
定州市	—	58 911 943. 34	9 318 358. 10	—

排水能力：利用耕地质量等级图对排水能力栅格数据进行区域统计得知，全市5级地排水能力处于"充分满足""满足""基本满足"状态和"不满足"，具体见表5-48。

表5-48 5级地排水能力行政区划分布

县（市、区）	排水能力（m²）			
	不满足	充分满足	基本满足	满足
安国市	—	—	104 466 832. 08	—
安新县	—	—	18 402 264. 33	15 147 629. 17
博野县	—	—	1 477 177. 91	60 324 142. 13
定兴县	4 491 461. 88	—	—	36 437 283. 19
阜平县	—	19 985 453. 83	—	—
高碑店市	17 898 204. 39	116 937. 78	46 381 539. 36	4 183 135. 07
高阳县	—	—	50 035 891. 18	—
涞水县	—	—	41 824 292. 91	—
涞源县	—	17 231 466. 71	—	14 720 070. 87
蠡县	—	—	99 670 607. 39	8 493 495. 37

（续表）

县（市、区）	排水能力（m²）			
	不满足	充分满足	基本满足	满足
满城区	—	6 318 334.27	—	5 309 055.01
清苑区	—	—	1 186 845.95	118 910 289.85
曲阳县	3 763 909.23	9 823 031.25	27 281 520.21	—
容城县	—	—	2 225 050.97	27 650 187.09
顺平县	—	—	1 391 915.42	23 273 181.06
唐县	—	345 969.65	9 627 953.44	13 387 266.04
望都县	—	—	20 917 083.14	5 599 490.74
雄县	—	—	19 799 416.85	40 726 496.74
徐水区	—	—	41 432 200.50	3 837 363.34
易县	—	76 010 527.02	4 309 197.75	50 920 904.29
涿州市	106 446.76	28 772 207.01	—	—
定州市	—	—	9 318 358.10	58 911 943.34

有机质含量：利用耕地质量等级图对土壤有机质含量栅格数据进行区域统计得知，5级地土壤有机质含量平均为 16.19 g/kg，变化幅度在 7.20~34.10 g/kg。对 5 级地土壤有机质含量栅格数据进行区域统计得知，土壤有机质含量（平均值）最高的是涞源县，最低的是高阳县，具体见表 5-49。

表 5-49　土壤有机质 5 级地行政区划分布

县（市、区）	有机质（g/kg）		
	平均值	最大值	最小值
安国市	17.97	25.60	9.20
安新县	16.87	22.40	8.50
博野县	14.40	18.80	9.50
定兴县	15.45	19.00	12.20
阜平县	23.35	34.10	14.30
高碑店市	15.48	22.70	10.40
高阳县	9.52	13.00	7.70
涞水县	20.12	23.10	17.10
涞源县	24.58	34.10	18.00
蠡县	17.21	30.10	9.70
满城区	10.36	15.20	8.00
清苑区	14.43	20.30	9.80
曲阳县	23.40	28.90	16.70
容城县	13.72	18.40	10.60

（续表）

县（市、区）	有机质（g/kg）		
	平均值	最大值	最小值
顺平县	13.45	17.10	10.60
唐县	13.60	20.70	8.10
望都县	17.99	24.90	13.00
雄县	9.63	15.20	7.20
徐水区	13.73	19.30	9.00
易县	16.43	33.20	10.40
涿州市	16.20	20.60	11.00
定州市	15.14	24.60	9.80

有效磷含量：利用耕地质量等级图对土壤有效磷含量栅格数据进行区域统计得知，5 级地土壤有效磷含量平均为 18.43 mg/kg，变化幅度在 0.50～150.70 mg/kg。对土壤有效磷含量栅格数据进行区域统计得知，土壤有效磷含量（平均值）最高的是涞源县，最低的是高碑店市，具体见表 5-50。

表 5-50 土壤有效磷 5 级地行政区划分布

县（市、区）	有效磷（mg/kg）		
	平均值	最大值	最小值
安国市	14.08	34.00	5.00
安新县	11.27	35.10	0.50
博野县	10.01	24.70	3.70
定兴县	8.67	11.80	3.30
阜平县	11.70	77.70	2.20
高碑店市	6.67	22.70	2.50
高阳县	9.86	49.40	3.80
涞水县	9.13	24.60	3.40
涞源县	46.40	77.70	10.40
蠡县	13.49	43.10	3.60
满城区	8.36	16.60	4.60
清苑区	15.10	42.80	4.40
曲阳县	44.94	71.60	15.70
容城县	11.46	25.70	0.50
顺平县	24.91	150.70	3.20
唐县	24.49	50.40	4.20
望都县	27.81	43.50	8.60
雄县	12.44	24.50	3.40

（续表）

县（市、区）	有效磷（mg/kg）		
	平均值	最大值	最小值
徐水区	8.41	17.80	4.50
易县	32.08	146.60	2.70
涿州市	19.84	36.40	2.50
定州市	11.17	43.50	4.90

速效钾含量：利用耕地质量等级图对土壤速效钾含量栅格数据进行区域统计得知，5级地土壤速效钾含量平均为126.8 mg/kg，变化幅度在43~355 mg/kg。对土壤速效钾含量栅格数据进行区域统计得知，土壤速效钾含量（平均值）最高的是涞源县，最低的是定州市，具体见表5-51。

表5-51　土壤速效钾5级地行政区划分布

县（市、区）	速效钾（mg/kg）		
	平均值	最大值	最小值
安国市	146.8	302	89
安新县	137.6	272	76
博野县	100.2	145	70
定兴县	87.9	236	62
阜平县	107.1	222	70
高碑店市	143.6	264	71
高阳县	104.9	242	81
涞水县	96.8	137	74
涞源县	199.0	296	70
蠡县	168.0	345	87
满城区	130.7	188	88
清苑区	135.7	355	64
曲阳县	181.7	236	82
容城县	76.9	96	62
顺平县	158.9	351	88
唐县	122.1	192	76
望都县	117.4	219	90
雄县	118.6	244	79
徐水区	76.3	104	65
易县	117.4	291	70
涿州市	99.0	120	77
定州市	69.4	235	43

pH 值：利用耕地质量等级图对土壤 pH 值栅格数据进行区域统计得知，5 级地土壤 pH 值平均为 8.08，变化幅度在 7.15~8.96。对土壤 pH 值栅格数据进行区域统计得知，土壤 pH（平均值）最高的是涿州市，最低的是曲阳县，具体见表 5-52。

表 5-52　土壤 pH 值 5 级地行政区划分布

县（市、区）	酸碱度		
	平均值	最大值	最小值
安国市	7.77	8.32	7.63
安新县	8.36	8.75	7.69
博野县	8.06	8.20	7.92
定兴县	8.27	8.44	7.88
阜平县	8.00	8.27	7.42
高碑店市	8.04	8.55	7.83
高阳县	8.01	8.10	7.56
涞水县	8.22	8.27	8.12
涞源县	8.21	8.27	7.42
蠡县	7.95	8.20	7.69
满城区	8.03	8.10	7.90
清苑区	8.35	8.63	7.75
曲阳县	7.73	8.30	7.15
容城县	8.37	8.42	8.23
顺平县	7.94	8.22	7.74
唐县	8.15	8.26	7.97
望都县	8.33	8.52	7.75
雄县	8.39	8.66	8.16
徐水区	8.43	8.58	7.98
易县	7.81	8.50	7.50
涿州市	8.53	8.96	8.15
定州市	8.16	8.47	7.72

地形部位：利用耕地质量等级图对丘陵山区地形部位栅格数据进行区域统计得知，5 级地丘陵山区地形部位分为低平原、河谷阶地、宽谷盆地、平原低阶、平原高阶、丘陵下部、丘陵中部、山地坡下、微斜平原等。对 5 级地地形部位数据进行区域统计，具体见表 5-53。

表 5-53　地形部位 5 级地丘陵山区行政区划分布

县 （市、区）	地形部位（m²）								
	低平原	河谷阶地	宽谷盆地	平原低阶	平原高阶	丘陵下部	丘陵中部	山地坡下	微斜平原
阜平县	—	—	19 985 453.83	—	—	—	—	—	—
涞水县	14 853 272.09	18 823 516.00	—	—	—	—	8 147 504.83	—	—
涞源县	—	—	31 951 537.58	—	—	—	—	—	—
满城区	—	—	—	—	741 812.19	7 668 476.04	3 217 101.06	—	—
曲阳县	—	—	1 046 914.45	39 821 546.23	—	—	—	—	—
顺平县	—	—	—	—	16 554 758.68	—	7 019 718.14	1 090 619.67	—
唐县	—	—	2 143 855.78	—	21 217 333.34	—	—	—	—
易县	1 718 830.16	—	87 439.29	—	—	116 006 607.66	—	—	13 427 751.94

地下水埋深：利用耕地质量等级图对地下水埋深栅格数据进行区域统计得知，5 级地平均地下水埋深 47.89 m。高阳县地下水埋深平均深度最大，高碑店市地下水埋深平均深度最小，全市地下水埋深变化幅度为 15.00~250.00 m，具体见表 5-54。

表 5-54　地下水埋深 5 级地行政区划分布

县（市、区）	地下水埋深（m）		
	平均值	最大值	最小值
安国市	28.02	40.00	28.00
安新县	45.03	250.00	15.00
博野县	35.27	50.00	35.00
定兴县	43.67	50.00	16.15
高碑店市	21.49	50.00	15.78
高阳县	250.00	250.00	250.00
蠡县	55.24	250.00	35.00
清苑区	29.98	30.00	28.00
容城县	22.50	22.50	22.50
望都县	38.13	45.00	28.00
雄县	27.76	30.00	22.50
徐水区	22.64	30.00	17.00
涿州市	28.51	30.00	17.72
定州市	30.26	40.00	28.00

土壤耕层厚度：利用耕地质量等级图对土壤耕层厚度栅格数据进行区域统计得知，全市 5 级地土壤耕层厚度平均为 18.5 cm，变化幅度在 15~40 cm。对耕层厚度栅格数据进行区域统计得知，最高的是徐水区，最低的是安国市，具体见表 5-55。

表 5-55　耕层厚度 5 级地行政区划分布

县（市、区）	耕层厚度（cm）		
	平均值	最大值	最小值
安国市	15.0	16	15
安新县	19.1	22	16
博野县	15.1	20	15
定兴县	19.4	20	15
高碑店市	15.3	20	15
高阳县	20.0	20	20
蠡县	19.6	20	15
清苑区	20.0	20	15
容城县	16.2	22	15
望都县	17.0	20	15
雄县	18.8	20	16
徐水区	24.6	25	20
涿州市	20.0	20	15
定州市	19.5	40	15

　　土壤容重：利用耕地质量等级图对土壤容重栅格数据进行区域统计得知，5 级地平均土壤容重为 1.40 g/cm³，变化幅度在 1.02~1.93 g/cm³；对 5 级地土壤容重栅格数据进行区域统计得知，土壤容重（平均值）最高的是徐水区，最低的是蠡县，具体见表5-56。

表 5-56　土壤容重 5 级地行政区划分布

县（市、区）	土壤容重（g/cm³）		
	平均值	最大值	最小值
安国市	1.29	1.53	1.13
安新县	1.40	1.62	1.21
博野县	1.40	1.53	1.18
定兴县	1.46	1.66	1.13
高碑店市	1.32	1.56	1.13
高阳县	1.44	1.93	1.29
蠡县	1.23	1.55	1.02
清苑区	1.51	1.58	1.31
容城县	1.44	1.54	1.28
望都县	1.43	1.53	1.31
雄县	1.44	1.56	1.39
徐水区	1.52	1.60	1.38
涿州市	1.51	1.56	1.36
定州市	1.43	1.56	1.13

盐渍化程度：利用耕地质量等级图对洼淀区土壤盐渍化程度栅格数据进行区域统计得知，全市5级地无明显盐渍化。

六、6级地

（一）面积与分布

将耕地质量等级分布图与行政区划图进行叠加分析，从耕地质量等级行政区域分布数据库中按权属字段检索出各等级的记录，统计各级地在各县区的分布状况。全市6级地，耕地面积58 584.56 hm²，占耕地总面积的7.40%，具体见表5-57。

表5-57　6级地行政区域分布

县（市、区）	面积（m²）	分布	
		占本级耕地（%）	占总耕地（%）
安国市	77 639 067.63	13.25	0.98
安新县	10 829 401.53	1.85	0.14
博野县	27 488 380.25	4.69	0.35
定兴县	23 378 320.84	3.99	0.30
阜平县	27 832 232.46	4.75	0.35
高碑店市	31 318 367.45	5.35	0.40
高阳县	18 602 122.78	3.18	0.23
涞水县	8 440 368.69	1.44	0.11
涞源县	21 275 293.38	3.63	0.27
蠡县	56 556 424.01	9.65	0.71
满城区	2 020 886.50	0.34	0.03
清苑区	51 430 557.74	8.78	0.65
曲阳县	37 985 097.54	6.48	0.48
容城县	32 884 100.87	5.61	0.42
顺平县	8 453 445.33	1.44	0.11
唐县	52 334 021.32	8.94	0.66
望都县	3 094 966.31	0.53	0.04
雄县	44 348 029.05	7.57	0.56
徐水区	5 329 064.15	0.91	0.07
易县	28 131 067.20	4.81	0.36
涿州市	3 350 613.68	0.57	0.04
定州市	13 123 768.46	2.24	0.17

(二) 主要属性分析

耕层质地：利用耕地质量等级图对土壤耕层质地栅格数据进行区域统计得知，6 级地土壤耕层质地为黏土、轻壤、砂壤、砂土、中壤和重壤。利用行政区划图与耕地质量等级图叠加联合形成行政区划耕地质量等级综合图，对土壤质地栅格数据进行区域统计，具体见表 5-58。

表 5-58　6 级地耕地土壤质地行政区划分布

县 (市、区)	耕层质地（m²）					
	黏土	轻壤	砂壤	砂土	中壤	重壤
安国市	—	4 948 363.89	72 690 703.74	—	—	—
安新县	885 733.38	2 025 148.96	7 918 519.19	—	—	—
博野县	—	18 550 028.66	8 938 351.59	—	—	—
定兴县	—	19 213 822.28	4 096 316.07	—	—	68 182.48
阜平县	—	329 195.93	27 503 036.54	—	—	—
高碑店市	—	9 433 795.38	21 328 575.42	—	—	555 996.66
高阳县	—	—	17 183 189.61	—	1 418 933.17	—
涞水县	—	6 707 101.86	1 343 215.06	390 051.77	—	—
涞源县	—	13 890 322.94	7 384 970.44	—	—	—
蠡县	—	27 111 131.81	25 482 610.05	3 962 682.16	—	—
满城区	—	1 355 799.64	—	—	665 086.86	—
清苑区	—	13 116 151.15	29 102 224.12	—	1 288 463.23	7 923 719.23
曲阳县	—	32 039 676.53	5 945 421.01	—	—	—
容城县	—	27 104 868.24	4 746 875.63	—	1 032 356.99	—
顺平县	—	8 453 445.33	—	—	—	—
唐县	—	3 666 536.00	2 752 954.58	481 273.89	45 433 256.85	—
望都县	—	3 094 966.31	—	—	—	—
雄县	—	2 208 066.24	42 139 962.81	—	—	—
徐水区	—	—	5 329 064.15	—	—	—
易县	—	17 102 737.96	8 493 561.35	—	2 534 767.89	—
涿州市	—	3 327 420.78	23 192.90	—	—	—
定州市	—	—	6 660 704.53	6 463 063.93	—	—

质地构型：利用耕地质量等级图对土壤质地构型栅格数据进行区域统计，再利用行政区划图与耕地质量等级图叠加联合形成行政区划耕地质量等级综合图，对 6 级地土壤质地构型数据进行区域统计，具体见表 5-59。

表5-59　6级地土壤质地构型行政区划分布

县 (市、区)	质地构型 (m²)						
	海绵型	夹层型	紧实型	上紧下松型	上松下紧型	松散型	通体壤
安国市	7 954 778.13	—	57 486 841.59	—	1 413 700.99	10 783 746.92	—
安新县	—	1 181 195.04	413 578.67	—	8 804 252.57	—	430 375.25
博野县	8 458 932.53	—	1 104 987.21	—	2 479 711.86	15 444 748.65	—
定兴县	—	—	20 756 678.42	2 578 186.23	43 456.18	—	—
阜平县	1 171 841.76	—	—	—	—	26 660 390.70	—
高碑店市	—	—	434 973.63	26 794 117.82	—	4 089 276.00	—
高阳县	—	—	1 895 829.61	—	16 706 293.17	—	—
涞水县	1 253 615.37	308 381.27	—	—	—	6 878 372.05	—
涞源县	—	—	—	—	21 083 426.46	191 866.92	—
蠡县	806 173.31	—	48 481 414.44	—	5 655 460.57	—	1 613 375.70
满城区	—	—	—	—	—	—	2 020 886.50
清苑区	29 779 789.85	—	9 959 084.70	1 101 120.39	—	605 688.88	9 984 873.92
曲阳县	31 994 632.02	—	1 297 109.01	1 412 106.19	—	3 281 250.32	—
容城县	—	10 473 491.99	—	—	—	—	22 410 608.88
顺平县	—	—	—	683 608.62	—	—	7 769 836.71
唐县	15 221 710.88	11 973 743.99	5 026 828.16	16 928 619.32	—	3 183 118.98	—
望都县	—	—	396 187.94	—	—	2 698 778.37	—
雄县	—	40 861 256.71	—	—	—	—	3 486 772.33
徐水区	1 768 316.36	—	—	2 961 516.84	—	599 230.95	—
易县	—	8 423 826.04	—	3 262 868.05	161 263.91	10 839 971.97	279 812.67
涿州市	—	—	—	—	23 192.90	3 327 420.78	—
定州市	—	—	13 123 768.46	—	—	—	—

障碍因素：利用耕地质量等级图对障碍因素栅格数据进行区域统计得知，再利用行政区划图与耕地质量等级图叠加联合形成行政区划耕地质量等级综合图，对6级地障碍因素数据进行区域统计，具体见表5-60。

表5-60　6级地障碍因素行政区划分布

县 (市、区)	障碍因素 (m²)			
	瘠薄	无	盐碱	障碍层次
安国市	—	77 639 067.63	—	—
安新县	—	10 829 401.53	—	—
博野县	—	27 488 380.25	—	—
定兴县	—	23 378 320.84	—	—

（续表）

县（市、区）	障碍因素（m²）			
	瘠薄	无	盐碱	障碍层次
阜平县	2 062 826.85	14 559 386.47	—	11 210 019.15
高碑店市	4 089 276.00	27 229 091.45	—	—
高阳县	—	18 235 112.26	367 010.52	—
涞水县	1 253 615.37	7 186 753.32	—	—
涞源县	—	21 083 426.46	—	191 866.92
蠡县	—	55 423 273.13	1 133 150.88	—
满城区	—	2 020 886.50	—	—
清苑区	—	51 430 557.74	—	—
曲阳县	5 355 910.12	31 994 632.02	—	634 555.40
容城县	—	32 884 100.87	—	—
顺平县	683 608.62	7 769 836.71	—	—
唐县	34 637 768.44	14 513 133.90	—	3 183 118.98
望都县	—	3 094 966.31	—	—
雄县	—	44 348 029.05	—	—
徐水区	—	5 329 064.15	—	—
易县	—	28 131 067.20	—	—
涿州市	3 327 420.78	23 192.90	—	—
定州市	—	13 123 768.46	—	—

灌溉能力：利用耕地质量等级图对灌溉能力栅格数据进行区域统计得知，6 级地灌溉能力分为 4 个状态"充分满足""基本满足""满足"和"不满足"，具体见表 5-61。

表 5-61　6 级地灌溉能力行政区划分布

县（市、区）	灌溉能力（m²）			
	不满足	充分满足	基本满足	满足
安国市	—	—	77 639 067.63	—
安新县	—	—	970 325.63	9 859 075.90
博野县	—	—	27 488 380.25	—
定兴县	—	43 456.18	—	23 334 864.65
阜平县	—	6 516 034.75	1 171 841.76	20 144 355.95
高碑店市	—	12 293 154.12	—	19 025 213.33
高阳县	—	—	1 895 829.61	16 706 293.17
涞水县	—	1 733 266.84	6 488 320.28	218 781.58

（续表）

县（市、区）	灌溉能力（m²）			
	不满足	充分满足	基本满足	满足
涞源县	21 083 426.46	—	—	191 866.92
蠡县	—	—	50 900 963.44	5 655 460.57
满城区	—	—	—	2 020 886.50
清苑区	—	—	51 430 557.74	—
曲阳县	—	—	1 297 109.01	36 687 988.53
容城县	—	—	13 343 445.97	19 540 654.90
顺平县	—	—	1 747 415.40	6 706 029.93
唐县	—	—	24 048 778.74	28 285 242.58
望都县	—	—	3 094 966.31	—
雄县	—	—	—	44 348 029.05
徐水区	—	—	1 768 316.36	3 560 747.79
易县	161 263.91	—	7 906 070.27	20 063 733.02
涿州市	23 192.90	3 327 420.78	—	—
定州市	—	6 459 852.04	6 663 916.42	—

排水能力：利用耕地质量等级图对排水能力栅格数据进行区域统计得知，全市 6 级地排水能力处于"充分满足""满足""基本满足"状态和"不满足"，具体见表 5-62。

表 5-62　6 级地排水能力行政区划分布

县（市、区）	排水能力（m²）			
	不满足	充分满足	基本满足	满足
安国市	—	—	77 639 067.63	—
安新县	—	—	10 399 026.27	430 375.25
博野县	—	—	1 104 987.21	26 383 393.04
定兴县	43 456.18	—	2 578 186.23	20 756 678.42
阜平县	—	27 832 232.46	—	—
高碑店市	—	—	30 883 393.82	434 973.63
高阳县	—	—	18 602 122.78	—
涞水县	—	—	8 221 587.12	218 781.58
涞源县	—	191 866.92	—	21 083 426.46
蠡县	—	—	55 750 250.71	806 173.31
满城区	—	—	—	2 020 886.50
清苑区	—	—	605 688.88	50 824 868.86
曲阳县	2 566 606.00	13 392 472.55	18214989.40	3 811 029.59

（续表）

县（市、区）	排水能力（m²）			
	不满足	充分满足	基本满足	满足
容城县	—	—	7 780 293.95	25 103 806.92
顺平县	—	—	—	8 453 445.33
唐县	—	3 183 118.98	5 077 937.64	44 072 964.70
望都县	—	—	2 698 778.37	396 187.94
雄县	—	—	4 0861 256.71	3 486 772.33
徐水区	—	—	3 560 747.79	1 768 316.36
易县	—	17 516 110.35	—	10 614 956.85
涿州市	—	23 192.90	3 327 420.78	—
定州市	—	—	6 663 916.42	6 459 852.04

有机质含量：利用耕地质量等级图对土壤有机质含量栅格数据进行区域统计得知，6 级地土壤有机质含量平均为 16.54 g/kg，变化幅度在 4.70~40.20 g/kg。对 6 级地土壤有机质含量栅格数据进行区域统计得知，土壤有机质含量（平均值）最高的是阜平县，最低的是安新县，具体见表 5-63。

表 5-63　土壤有机质 6 级地行政区划分布

县（市、区）	有机质（g/kg）		
	平均值	最大值	最小值
安国市	15.88	24.60	9.20
安新县	9.43	13.90	8.50
博野县	12.91	18.00	9.50
定兴县	12.25	19.00	9.60
阜平县	25.61	40.20	11.60
高碑店市	12.31	20.70	9.60
高阳县	10.18	14.50	8.50
涞水县	17.79	22.60	10.60
涞源县	24.65	34.10	14.80
蠡县	12.81	25.50	9.70
满城区	11.30	11.30	11.30
清苑区	12.28	22.30	8.40
曲阳县	18.16	34.10	8.90
容城县	11.19	13.90	9.00
顺平县	12.39	15.30	11.30
唐县	15.27	34.10	7.30
望都县	20.87	22.30	9.40

（续表）

县（市、区）	有机质（g/kg）		
	平均值	最大值	最小值
雄县	12.64	13.60	4.70
徐水区	12.37	13.00	11.60
易县	14.42	33.20	10.60
涿州市	13.18	19.60	13.10
定州市	14.39	24.60	11.50

有效磷含量：利用耕地质量等级图对土壤有效磷含量栅格数据进行区域统计得知，6级地土壤有效磷含量平均为19.68 mg/kg，变化幅度在0.50~77.70 mg/kg。对土壤有效磷含量栅格数据进行区域统计得知，土壤有效磷含量（平均值）最高的是涞源县，最低的是容城县，具体见表5-64。

表5-64 土壤有效磷6级地行政区划分布

县（市、区）	有效磷（mg/kg）		
	平均值	最大值	最小值
安国市	12.41	31.90	4.30
安新县	9.71	11.90	0.50
博野县	10.06	24.70	3.80
定兴县	7.56	17.80	5.10
阜平县	33.25	77.70	5.00
高碑店市	7.41	22.70	2.50
高阳县	13.79	19.20	2.00
涞水县	16.35	19.00	4.40
涞源县	44.62	77.70	21.60
蠡县	13.47	24.90	3.30
满城区	25.20	25.20	25.20
清苑区	7.95	17.70	4.40
曲阳县	29.78	77.70	3.20
容城县	3.76	9.90	0.50
顺平县	20.70	25.90	4.60
唐县	22.90	77.70	1.20
望都县	16.68	17.70	8.50
雄县	8.29	13.30	5.50
徐水区	9.91	14.60	4.50
易县	20.26	67.10	9.80
涿州市	7.93	18.50	7.80
定州市	8.36	13.70	4.90

速效钾含量：利用耕地质量等级图对土壤速效钾含量栅格数据进行区域统计得知，6 级地土壤速效钾含量平均为 130.4 mg/kg，变化幅度在 45~356 mg/kg。对土壤速效钾含量栅格数据进行区域统计得知，土壤速效钾含量（平均值）最高的是涞源县，最低的是清苑区，具体见表 5-65。

表 5-65　土壤速效钾 6 级地行政区划分布

县（市、区）	速效钾（mg/kg）		
	平均值	最大值	最小值
安国市	132.5	235	94
安新县	95.4	267	48
博野县	92.2	145	76
定兴县	75.1	99	71
阜平县	137.3	222	45
高碑店市	136.1	264	74
高阳县	100.7	235	70
涞水县	85.9	112	74
涞源县	256.4	356	192
蠡县	131.8	257	87
满城区	114.0	114	114
清苑区	69.0	217	61
曲阳县	182.9	256	69
容城县	72.9	96	48
顺平县	140.8	184	114
唐县	143.5	222	67
望都县	99.1	101	84
雄县	93.3	143	82
徐水区	71.9	101	65
易县	97.5	252	74
涿州市	138.7	139	112
定州市	91.8	235	60

pH 值：利用耕地质量等级图对土壤 pH 值栅格数据进行区域统计得知，6 级地土壤 pH 值平均为 8.05，变化幅度在 7.42~8.68，具体见表 5-66。

表 5-66 土壤 pH 值 6 级地行政区划分布

县（市、区）	酸碱度		
	平均值	最大值	最小值
安国市	7.80	7.86	7.73
安新县	8.03	8.68	7.91
博野县	8.01	8.20	7.87
定兴县	8.31	8.39	8.05
阜平县	7.91	8.34	7.42
高碑店市	8.03	8.39	7.77
高阳县	7.89	8.06	7.83
涞水县	8.33	8.50	8.18
涞源县	8.08	8.15	7.42
蠡县	7.97	8.20	7.71
满城区	8.04	8.04	8.04
清苑区	8.38	8.60	7.98
曲阳县	8.15	8.54	7.42
容城县	8.36	8.44	8.23
顺平县	8.05	8.06	7.92
唐县	7.96	8.22	7.42
望都县	8.36	8.46	8.35
雄县	8.22	8.40	8.16
徐水区	8.25	8.52	7.98
易县	8.01	8.50	7.50
涿州市	7.78	8.55	7.77
定州市	8.03	8.24	7.75

地形部位：利用耕地质量等级图对丘陵山区地形部位栅格数据进行区域统计得知，全市 6 级地丘陵山区地形部位分为低平原等 10 种类型。对 6 级地地形部位数据进行区域统计，具体见表 5-67。

表 5-67 地形部位 6 级地丘陵山区行政区划分布

县（市、区）	地形部位（m²）				
	低平原	河谷阶地	宽谷盆地	平原低阶	平原高阶
阜平县	—	—	27 832 232.46	—	—
涞水县	89 599.69	6 878 372.05	—	—	—
涞源县	—	—	21 275 293.38	—	—
满城区	—	—	—	—	—

（续表）

县 （市、区）	地形部位（m²）				
	低平原	河谷阶地	宽谷盆地	平原低阶	平原高阶
曲阳县	—	—	3 281 250.32	31 994 632.02	2 709 215.20
顺平县	—	—	—	—	—
唐县	—	—	3 183 118.98	—	25 539 395.89
易县	—	—	161 263.91		

县 （市、区）	地形部位（m²）				
	丘陵下部	丘陵中部	山地坡下	山间盆地	微斜平原
阜平县	—	—	—	—	—
涞水县	218 781.58	1 253 615.37	—	—	—
涞源县	—	—	—	—	—
满城区	—	—	2 020 886.50	—	—
曲阳县	—	—	—	—	—
顺平县	683 608.62	1 747 415.40	6 022 421.31	—	—
唐县	23 611 506.45	—	—	—	—
易县	18 821 923.62	5 163 324.56	279 812.67	2 951 609.92	753 132.52

地下水埋深：利用耕地质量等级图对地下水埋深栅格数据进行区域统计得知，6级地平均地下水埋深48.49 m。高阳县地下水埋深平均深度最大，涿州市区地下水埋深平均深度最小，全市地下水埋深变化幅度为10.79~250.00 m。具体见表5-68。

表5-68 地下水埋深6级地行政区划分布

县（市、区）	地下水埋深（m）		
	平均值	最大值	最小值
安国市	28.00	28.00	28.00
安新县	193.03	250.00	15.00
博野县	35.55	50.00	35.00
定兴县	41.57	50.00	10.79
高碑店市	20.88	45.00	10.79
高阳县	235.61	250.00	50.00
蠡县	72.50	250.00	35.00
清苑区	30.05	40.00	30.00
容城县	22.50	22.50	22.50
望都县	38.89	40.00	30.00
雄县	22.96	30.00	22.50
徐水区	24.58	30.00	17.00
涿州市	20.66	30.00	20.55
定州市	29.14	30.00	28.00

　　土壤耕层厚度：利用耕地质量等级图对土壤耕层厚度栅格数据进行区域统计得知，6 级地土壤耕层厚度平均为 17.6 cm，变化幅度在 14~40 cm。对耕层厚度栅格数据进行区域统计得知，耕层厚度最高的是定州市，最低的是安国市，具体见表 5-69。

表 5-69　耕层厚度 6 级地行政区划分布

县（市、区）	耕层厚度（cm）		
	平均值	最大值	最小值
安国市	15.0	15	15
安新县	19.6	22	14
博野县	15.2	20	15
定兴县	19.4	20	15
高碑店市	15.1	20	15
高阳县	20.0	20	20
蠡县	20.0	20	15
清苑区	20.0	20	16
容城县	16.9	22	14
望都县	16.4	20	16
雄县	17.4	20	16
徐水区	23.4	25	20
涿州市	15.1	20	15
定州市	29.2	40	15

　　土壤容重：利用耕地质量等级图对土壤容重栅格数据进行区域统计得知，6 级地平均土壤容重为 1.36 g/cm³，变化幅度在 1.06~1.90 g/cm³；对土壤容重栅格数据进行区域统计得知，土壤容重（平均值）最高的是徐水区，最低的是蠡县，具体见表 5-70。

表 5-70　土壤容重 6 级地行政区划分布

县（市、区）	土壤容重（g/cm³）		
	平均值	最大值	最小值
安国市	1.30	1.53	1.16
安新县	1.26	1.48	1.21
博野县	1.44	1.90	1.06
定兴县	1.44	1.48	1.13
高碑店市	1.31	1.52	1.21
高阳县	1.38	1.55	1.15
蠡县	1.19	1.55	1.06

（续表）

县（市、区）	土壤容重（g/cm³）		
	平均值	最大值	最小值
清苑区	1.44	1.58	1.35
容城县	1.47	1.58	1.41
望都县	1.40	1.40	1.40
雄县	1.42	1.54	1.40
徐水区	1.54	1.59	1.48
涿州市	1.25	1.56	1.24
定州市	1.48	1.56	1.34

盐渍化程度：利用耕地质量等级图对洼淀区土壤盐渍化程度栅格数据进行区域统计得知，全市 6 级地无明显盐渍化。

七、7 级地

（一）面积与分布

将耕地质量等级分布图与行政区划图进行叠加分析，从耕地质量等级行政区域分布数据库中按权属字段检索出各等级的记录，统计各级地在各县区的分布状况。全市 7 级地，耕地面积 59 010.01 hm²，占耕地总面积的 7.45%，具体见表 5-71。

表 5-71　7 级地行政区域分布

县（市、区）	面积（m²）	分布	
		占本级耕地（%）	占总耕地（%）
安国市	28 452 313.25	4.82	0.36
安新县	3 578 625.69	0.61	0.05
博野县	13 986 667.02	2.37	0.18
定兴县	2 407 035.53	0.41	0.03
阜平县	29 171 913.97	4.94	0.37
高碑店市	35 431 727.01	6.00	0.45
高阳县	5 603 280.87	0.95	0.07
涞水县	23 042 288.68	3.90	0.29
涞源县	127 336 789.69	21.58	1.61
蠡县	36 589 890.06	6.20	0.46
满城区	5 522 360.51	0.94	0.07
清苑区	33 362 131.42	5.65	0.42

（续表）

县（市、区）	面积（m²）	分布	
		占本级耕地（%）	占总耕地（%）
曲阳县	85 826 980.61	14.54	1.08
容城县	2 766 150.72	0.47	0.03
顺平县	23 826 427.77	4.04	0.30
唐县	50 092 933.76	8.49	0.63
望都县	3 137 378.41	0.53	0.04
雄县	29 666 489.81	5.03	0.37
易县	49 459 679.24	8.39	0.62
涿州市	839 002.82	0.14	0.01

（二）主要属性分析

耕层质地：利用耕地质量等级图对土壤耕层质地栅格数据进行区域统计得知，7级地土壤耕层质地为黏土、轻壤、砂壤、砂土、中壤和重壤。利用行政区划图与耕地质量等级图叠加联合形成行政区划耕地质量等级综合图，对土壤质地栅格数据进行区域统计，具体见表5-72。

表5-72 7级地耕地土壤质地行政区划分布

县（市、区）	耕层质地（m²）					
	黏土	轻壤	砂壤	砂土	中壤	重壤
安国市	—	—	28 452 313.25	—	—	—
安新县	67 690.80	—	3 510 934.90	—	—	—
博野县	—	690 101.04	13 296 565.98	—	—	—
定兴县	—	—	2 407 035.53	—	—	—
阜平县	—	2 594 972.38	26 576 941.59	—	—	—
高碑店市	—	—	34 649 305.98	—	—	782 421.03
高阳县	—	—	5 603 280.87	—	—	—
涞水县	—	15 728 855.98	6 621 395.97	692 036.73	—	—
涞源县	—	107 815 479.48	18 151 593.19	—	1 369 717.01	—
蠡县	—	—	34 333 594.07	2 256 295.99	—	—
满城区	—	315 729.23	—	—	5 206 631.28	—
清苑区	—	—	33 362 131.42	—	—	—
曲阳县	—	55 164 921.28	30 662 059.33	—	—	—
容城县	—	1 193 851.59	188 111.83	1 384 187.30	—	—
顺平县	—	21 398 958.93	2 427 468.84	—	—	—

（续表）

县 （市、区）	耕层质地（m²）					
	黏土	轻壤	砂壤	砂土	中壤	重壤
唐县	—	182 861.32	4 458 364.45	3 965 178.74	41 486 529.25	—
望都县	—	—	3 137 378.41	—	—	—
雄县	—	27 857 117.07	255 370.36	—	1 554 002.39	—
易县	—	22 824 886.55	23 746 543.11	—	2 888 249.58	—
涿州市	—	—	839 002.82	—	—	—

质地构型：利用耕地质量等级图对土壤质地构型栅格数据进行区域统计，再利用行政区划图与耕地质量等级图叠加联合形成行政区划耕地质量等级综合图，对 7 级地土壤质地构型数据进行区域统计，具体见表 5-73。

表 5-73　7 级地土壤质地构型行政区划分布

县（市、区）	质地构型（m²）			
	薄层型	海绵型	夹层型	紧实型
安国市	—	—	—	28 452 313.25
安新县	—	—	2 315 743.21	1 262 882.48
博野县	—	520 895.38	—	—
定兴县	—	—	—	—
阜平县	1 558 705.38	—	—	—
高碑店市	—	—	—	—
高阳县	—	—	—	428 487.08
涞水县	—	—	12 866 377.56	—
涞源县	—	—	—	—
蠡县	—	—	—	35 700 077.88
满城区	—	—	—	—
清苑区	—	16 705 822.73	—	15 717 356.47
曲阳县	—	49 579 445.34	—	27 823 668.11
容城县	—	—	2 766 150.72	—
顺平县	—	401 735.38	—	—
唐县	—	42 153 928.30	996 781.43	734 251.52
望都县	—	—	—	758 966.41
雄县	—	—	255 370.36	—
易县	—	7 893 302.41	15 603 247.44	—
涿州市	—	—	—	—

（续表）

县（市、区）	质地构型（m²）			
	上紧下松型	上松下紧型	松散型	通体壤
安国市	—	—	—	—
安新县	—	—	—	—
博野县	—	—	13 465 771.65	—
定兴县	2 407 035.53	—	—	—
阜平县	—	3 863 456.37	23 749 752.23	—
高碑店市	15 615 435.61	—	19 816 291.40	—
高阳县		5 174 793.79	—	—
涞水县	344 175.62	-	9 831 735.51	—
涞源县	—	127 336 789.69	—	—
蠡县	—	—	889 812.18	—
满城区	—	—	334 020.52	5 188 339.99
清苑区	—	—	938 952.22	
曲阳县	1 230 042.39	—	7 193 824.77	—
容城县	—	—	—	—
顺平县	36 453.92	—	—	23 388 238.47
唐县	4 843 564.00	101 442.07	—	1 262 966.44
望都县	—	—	2 378 412.00	
雄县	—	—	—	29 411 119.45
易县	13 086 252.26	1 893 701.06	9 988 185.84	994 990.24
涿州市	—	—	839 002.82	

障碍因素：利用耕地质量等级图对障碍因素栅格数据进行区域统计得知，再利用行政区划图与耕地质量等级图叠加联合形成行政区划耕地质量等级综合图，对 7 级地障碍因素数据进行区域统计，具体见表 5-74。

表 5-74　7 级地障碍因素行政区划分布

县（市、区）	障碍因素（m²）			
	瘠薄	无	盐碱	障碍层次
安国市	—	28 452 313.25	—	—
安新县	—	3 578 625.69	—	—
博野县	—	13 986 667.02	—	—
定兴县	—	2 407 035.53	—	—
阜平县	13 229 044.75	2 637 274.10	—	13 305 595.12
高碑店市	19 816 291.40	15 615 435.61	—	—
高阳县		5 603 280.87	—	—

（续表）

县（市、区）	障碍因素（m²）			
	瘠薄	无	盐碱	障碍层次
涞水县	20 744 136.39	2 298 152.29	—	—
涞源县	—	127 336 789.69	—	—
蠡县	—	36 589 890.06	—	—
满城区	—	5 522 360.51	—	—
清苑区	—	33 362 131.42	—	—
曲阳县	2 147 588.01	57 722 749.58	2 5956 643.02	—
容城县	—	2 766 150.72	—	—
顺平县	36 453.92	23 789 973.85	—	—
唐县	7 148 127.27	42 784 596.78	160 209.71	—
望都县	—	3 137 378.41	—	—
雄县	—	29 666 489.81	—	—
易县	2 569 824.02	46 889 855.23	—	—
涿州市	839 002.82	—	—	—

灌溉能力：利用耕地质量等级图对灌溉能力栅格数据进行区域统计得知，7级地灌溉能力分为4个状态"充分满足""基本满足""满足"和"不满足"，具体见表5-75。

表5-75　7级地灌溉能力行政区划分布

县（市、区）	灌溉能力（m²）			
	不满足	充分满足	基本满足	满足
安国市	—	—	28 452 313.25	—
安新县	—	—	1 262 882.48	2 315 743.21
博野县	—	—	13 986 667.02	—
定兴县	—	—	—	2 407 035.53
阜平县	—	10 494 987.62	2 233 982.92	16 442 943.43
高碑店市	—	19 816 291.40	—	15 615 435.61
高阳县	—	—	428 487.08	5 174 793.79
涞水县	—	—	22 698 113.06	344 175.62
涞源县	127 336 789.69	—	—	—
蠡县	—	—	36 589 890.06	—
满城区	1 570 302.72	—	3 618 037.28	334 020.52
清苑区	—	—	33 362 131.42	—
曲阳县	—	—	17 558 082.45	68 268 898.16
容城县	—	—	1 193 851.59	1 572 299.13
顺平县	2 293 506.04	—	16 874 271.88	4 658 649.86

（续表）

县（市、区）	灌溉能力（m²）			
	不满足	充分满足	基本满足	满足
唐县	9 667 404.27	—	2 459 699.70	37 965 829.79
望都县	—	—	3 137 378.41	—
雄县	—	—	—	29 666 489.81
易县	15 099 473.86	—	8 346 431.88	26 013 773.50
涿州市	—	839 002.82	—	—

排水能力：利用耕地质量等级图对排水能力栅格数据进行区域统计得知，全市 7 级地排水能力处于"充分满足""满足""基本满足"状态，具体见表 5-76。

表 5-76 7 级地排水能力行政区划分布

县（市、区）	排水能力（m²）		
	充分满足	基本满足	满足
安国市	—	28 452 313.25	—
安新县	—	3 578 625.69	—
博野县	—	—	13 986 667.02
定兴县	—	2 407 035.53	—
阜平县	29 171 913.97	—	—
高碑店市	—	35 431 727.01	—
高阳县	—	5 603 280.87	—
涞水县	344 175.62	22 698 113.06	—
涞源县	22 936 686.67	—	104 400 103.02
蠡县	—	35 700 077.88	889 812.18
满城区	334 020.52	1 570 302.72	3 618 037.28
清苑区	—	938 952.22	32 423 179.20
曲阳县	21 848 567.37	49 979 424.57	13 998 988.67
容城县	—	2 766 150.72	—
顺平县	—	2 293 506.04	21 532 921.74
唐县	—	1 896 684.73	48 196 249.02
望都县	—	2 378 412.00	758 966.41
雄县	—	—	29 666 489.81
易县	18 124 829.99	2 569 824.02	28 765 025.23
涿州市	—	839 002.82	—

有机质含量：利用耕地质量等级图对土壤有机质含量栅格数据进行区域统计得知，7级地土壤有机质含量平均为15.37 g/kg，变化幅度在4.30~34.30 g/kg，有机质（平均值）含量最高的是阜平县，最低的是雄县。对7级地土壤有机质含量栅格数据进行区域统计，具体见表5-77。

表5-77 土壤有机质7级地行政区划分布

县（市、区）	有机质（g/kg）		
	平均值	最大值	最小值
安国市	11.54	12.10	11.00
安新县	11.54	13.00	10.60
博野县	13.43	15.50	9.50
定兴县	9.60	9.60	9.60
阜平县	21.15	30.50	8.90
高碑店市	13.60	19.50	9.60
高阳县	10.00	15.80	8.50
涞水县	19.69	22.50	13.60
涞源县	17.14	34.30	8.90
蠡县	11.48	16.20	9.90
满城区	19.04	20.00	11.40
清苑区	9.38	22.30	8.40
曲阳县	16.82	28.90	8.90
容城县	11.13	12.30	10.10
顺平县	13.93	20.00	5.20
唐县	10.54	21.20	4.30
望都县	18.31	22.30	9.40
雄县	4.54	15.20	4.50
易县	14.32	18.80	10.60
涿州市	13.10	13.10	13.10

有效磷含量：利用耕地质量等级图对土壤有效磷含量栅格数据进行区域统计得知，7级地土壤有效磷含量平均为16.79 mg/kg，变化幅度在0.50~64.90 mg/kg，有效磷（平均值）含量最高的是曲阳县，最低的是安新县。利用行政区划图与耕地质量等级图叠加联合形成行政区划耕地质量等级综合图，对土壤有效磷含量栅格数据进行区域统计，具体见表5-78。

表 5-78　土壤有效磷 7 级地行政区划分布

县（市、区）	有效磷（mg/kg）		
	平均值	最大值	最小值
安国市	6.61	10.00	4.30
安新县	1.67	3.50	0.50
博野县	15.14	18.70	5.60
定兴县	17.80	17.80	17.80
阜平县	14.75	36.40	2.10
高碑店市	13.42	17.80	5.60
高阳县	15.59	17.90	3.60
涞水县	7.33	19.00	2.80
涞源县	23.04	64.90	3.70
蠡县	11.55	16.30	3.30
满城区	8.07	31.30	3.50
清苑区	11.40	17.70	8.50
曲阳县	23.99	49.90	3.20
容城县	6.84	9.90	0.50
顺平县	6.18	31.30	1.90
唐县	6.71	36.20	1.20
望都县	14.85	17.70	8.50
雄县	14.76	14.80	3.40
易县	17.20	38.40	4.70
涿州市	7.80	7.80	7.80

速效钾含量：利用耕地质量等级图对土壤速效钾含量栅格数据进行区域统计得知，7 级地土壤速效钾含量平均为 124.7 mg/kg，变化幅度在 42~356 mg/kg，速效钾（平均值）含量最高的是满城区，最低的是容城县。利用行政区划图与耕地质量等级图叠加联合形成行政区划耕地质量等级综合图，对土壤速效钾含量栅格数据进行区域统计，具体见表 5-79。

表 5-79　土壤速效钾 7 级地行政区划分布

县（市、区）	速效钾（mg/kg）		
	平均值	最大值	最小值
安国市	100.7	110	94
安新县	96.0	127	76
博野县	86.2	145	70
定兴县	86.0	86	86

（续表）

县（市、区）	速效钾（mg/kg）		
	平均值	最大值	最小值
阜平县	88.0	160	45
高碑店市	113.2	139	86
高阳县	118.0	219	81
涞水县	76.8	94	63
涞源县	162.3	356	97
蠡县	127.0	219	91
满城区	190.8	204	134
清苑区	74.8	101	61
曲阳县	109.2	256	54
容城县	66.6	82	51
顺平县	147.1	204	104
唐县	122.3	204	67
望都县	95.7	101	84
雄县	107.9	108	79
易县	109.9	267	42
涿州市	139.0	139	139

pH 值：利用耕地质量等级图对土壤 pH 值栅格数据进行区域统计得知，7 级地土壤 pH 值平均为 8.17，pH 值（平均值）最高的是雄县，最低的是涿州市。利用行政区划图与耕地质量等级图叠加联合形成行政区划耕地质量等级综合图，对土壤 pH 值栅格数据进行区域统计，具体见表 5-80。

表 5-80　土壤 pH 值 7 级地行政区划分布

县（市、区）	酸碱度		
	平均值	最大值	最小值
安国市	7.81	7.86	7.76
安新县	8.41	8.68	8.23
博野县	7.96	8.20	7.92
定兴县	8.05	8.05	8.05
阜平县	8.16	8.49	7.90
高碑店市	7.97	8.05	7.77
高阳县	7.86	8.05	7.56
涞水县	8.26	8.36	8.20
涞源县	8.34	8.96	8.02
蠡县	8.00	8.10	7.90
满城区	8.04	8.50	7.99

（续表）

县（市、区）	酸碱度		
	平均值	最大值	最小值
清苑区	8.38	8.46	8.27
曲阳县	8.30	8.54	7.55
容城县	8.39	8.54	8.23
顺平县	8.03	8.14	7.87
唐县	7.97	8.56	7.84
望都县	8.38	8.46	8.35
雄县	8.42	8.42	8.42
易县	7.95	8.50	7.60
涿州市	7.77	7.77	7.77

地形部位：利用耕地质量等级图对丘陵山区地形部位栅格数据进行区域统计得知，全市7级地丘陵山区地形部位分为低平原等12种类型。利用行政区划图与耕地质量等级图叠加联合形成行政区划耕地质量等级综合图，对地形部位数据进行区域统计，具体见表5-81。

表5-81 地形部位7级地丘陵山区行政区划分布

县（市、区）	地形部位（m²）					
	低平原	河谷阶地	宽谷盆地	平原低阶	平原高阶	丘陵上部
阜平县	—	—	16 755 621.20	—	—	—
涞水县	19 682 387.27	11 268 154.36	—	—	—	—
涞源县	—	—	13 601 691.37	—	—	—
满城区	—	—	—	—	—	—
曲阳县	—	—	—	36 420 335.42	1 022 622.67	—
顺平县	—	—	—	—	—	—
唐县	—	—	—	74 714.92	2 012 696.76	—
易县	—	849 853.03	—	—	—	4 578 074.48

县（市、区）	地形部位（m²）					
	丘陵下部	丘陵中部	山地坡上	山地坡下	山地坡中	山间盆地
阜平县	—	—	—	3 229 832.62	—	—
涞水县	—	10 249 034.60	—	—	—	624 716.68
涞源县	—	5 907 593.49	—	—	—	12 442 252.72
满城区	—	—	—	11 627 389.29	—	—
曲阳县	—	—	—	—	3 425 502.60	—
顺平县	453 613.17	3 569 349.59	—	20 642 133.72	—	—
唐县	20 637 476.02	9 578.19	542 108.84	37 306.18	—	47 308.22
易县	64 789 340.78	45 383 742.12	—	2 915 973.27	—	12 723 645.37

地下水埋深：利用耕地质量等级图对地下水埋深栅格数据进行区域统计得知，7级地平均地下水埋深36.29 m。高阳县地下水埋深平均深度最大，定兴县地下水埋深平均深度最小，全市地下水埋深变化幅度为10.79~250.00 m，具体见表5-82。

表5-82　地下水埋深7级地行政区划分布

县（市、区）	地下水埋深（m）		
	平均值	最大值	最小值
安国市	28.00	28.00	28.00
安新县	19.57	22.50	15.00
博野县	35.00	35.00	35.00
定兴县	10.79	10.79	10.79
高碑店市	16.03	27.16	10.79
高阳县	228.49	250.00	50.00
蠡县	49.79	50.00	35.00
清苑区	30.31	40.00	30.00
容城县	22.50	22.50	22.50
望都县	36.90	40.00	30.00
雄县	29.97	30.00	22.50
涿州市	20.55	20.55	20.55

土壤耕层厚度：利用耕地质量等级图对土壤耕层厚度栅格数据进行区域统计得知，全市7级地土壤耕层厚度平均为17.6 cm，变化幅度在14~22 cm，耕层厚度（平均值）最大的是安新县，最小的是安国市、博野县、定兴县、高碑店市、涿州市。对耕层厚度栅格数据进行区域统计，具体见表5-83。

表5-83　耕层厚度7级地行政区划分布

县（市、区）	耕层厚度（cm）		
	平均值	最大值	最小值
安国市	15.0	15	15
安新县	21.2	22	20
博野县	15.0	15	15
定兴县	15.0	15	15
高碑店市	15.0	15	15
高阳县	20.0	20	20
蠡县	19.9	20	15
清苑区	19.9	20	16
容城县	15.4	22	14

（续表）

县（市、区）	耕层厚度（cm）		
	平均值	最大值	最小值
望都县	17.2	20	16
雄县	20.0	20	16
涿州市	15.0	15	15

土壤容重：利用耕地质量等级图对土壤容重栅格数据进行区域统计得知，7 级地平均土壤容重为 1.36 g/cm³，变化幅度在 1.06~1.93 g/cm³；土壤容重（平均值）最高的是高阳县，最低的是蠡县。对 7 级地土壤容重栅格数据进行区域统计，具体见表 5-84。

表 5-84　土壤容重 7 级地行政区划分布

县（市、区）	土壤容重（g/cm³）		
	平均值	最大值	最小值
安国市	1.34	1.41	1.29
安新县	1.36	1.41	1.28
博野县	1.33	1.43	1.29
定兴县	1.29	1.29	1.29
高碑店市	1.36	1.52	1.24
高阳县	1.66	1.93	1.23
蠡县	1.14	1.43	1.06
清苑区	1.47	1.56	1.40
容城县	1.46	1.49	1.41
望都县	1.40	1.40	1.40
雄县	1.46	1.50	1.46
涿州市	1.24	1.24	1.24

盐渍化程度：利用耕地质量等级图对洼淀区土壤盐渍化程度栅格数据进行区域统计得知，全市 7 级地无明显盐渍化。

八、8 级地

（一）面积与分布

将耕地质量等级分布图与行政区划图进行叠加分析，从耕地质量等级行政区域分布数据库中按权属字段检索出各等级的记录，统计各级地在各县区的分布状况。全市 8 级地，耕地面积 43 248.45 hm²，占耕地总面积的 5.46%，具体见表 5-85。

表 5-85 8 级地行政区域分布

县（市、区）	面积（m²）	分布	
		占本级耕地（%）	占总耕地（%）
安新县	7 514 778.57	1.74	0.09
博野县	22 970 710.68	5.31	0.29
阜平县	27 575 927.23	6.38	0.35
高碑店市	16 221 369.59	3.75	0.20
高阳县	16 696 688.57	3.86	0.21
涞水县	7 101 691.73	1.64	0.09
涞源县	72 785 193.88	16.83	0.92
蠡县	17 647 012.88	4.08	0.22
满城区	536 655.79	0.12	0.01
清苑区	20 941 943.12	4.84	0.26
曲阳县	125 971 982.66	29.13	1.59
容城县	1 321 872.35	0.31	0.02
顺平县	8 263 656.87	1.91	0.10
唐县	47 882 898.65	11.07	0.60
雄县	4 121 433.82	0.95	0.05
易县	34 930 667.06	8.08	0.44

（二）主要属性分析

耕层质地：利用耕地质量等级图对土壤耕层质地栅格数据进行区域统计得知，8 级地土壤耕层质地为轻壤、砂壤、砂土、中壤和重壤。利用行政区划图与耕地质量等级图叠加联合形成行政区划耕地质量等级综合图，对土壤质地栅格数据进行区域统计，具体见表 5-86。

表 5-86 8 级地耕地土壤质地行政区划分布

县（市、区）	耕层质地（m²）				
	轻壤	砂壤	砂土	中壤	重壤
安新县	883 913.12	4 720 202.65	—	1 910 662.81	—
博野县	—	22 970 710.68	—	—	—
阜平县	—	27 575 927.23	—	—	—
高碑店市	2 404 682.59	13 816 686.99	—	—	—
高阳县	—	2 267 259.61	—	14 429 428.97	—
涞水县	1 058 091.86	6 043 599.87	—	—	—
涞源县	44 497 605.24	28 287 588.65	—	—	—

（续表）

| 县
（市、区） | 耕层质地（m²） | | | | |
	轻壤	砂壤	砂土	中壤	重壤
蠡县	11 919 391.39	1 450 436.08	2 625 832.42	1 651 352.99	—
满城区	—	—	—	536 655.79	
清苑区	—	10 281 384.36	—	10 660 558.77	—
曲阳县	67 561 851.07	58 410 131.58	—	—	—
容城县	—	1 321 872.35	—	—	—
顺平县	6 360 503.92	1 702 791.86	—	—	200 361.10
唐县	7 930 251.82	8 998 113.58	799 188.35	30 155 344.90	—
雄县	—	4 121 433.82	—	—	—
易县	3 713 240.56	31 217 426.49	—	—	—

质地构型：利用耕地质量等级图对土壤质地构型栅格数据进行区域统计，再利用行政区划图与耕地质量等级图叠加联合形成行政区划耕地质量等级综合图，对8级地土壤质地构型数据进行区域统计，具体见表5-87。

表5-87　8级地土壤质地构型行政区划分布

| 县（市、区） | 质地构型（m²） | | | |
	薄层型	海绵型	夹层型	紧实型
安新县	—	—	1 128 282.33	—
博野县	—	296 873.05	—	—
阜平县	—	—	—	7 173 414.44
高碑店市	—	—	—	—
高阳县	—	—	—	—
涞水县	—	—	5 894 535.97	—
涞源县	680 969.94	—	—	—
蠡县	—	—	—	16 688 831.42
满城区	—	—	—	—
清苑区	—	10 660 558.77	—	10 281 384.36
曲阳县	—	636 131.16	—	95 163 277.33
容城县	—	—	1 120 290.84	—
顺平县	—	—	—	—
唐县	—	23 448 231.56	—	4 477 230.13
雄县	—	—	—	—
易县	—	—	8 629 715.10	—

（续表）

县（市、区）	质地构型			
	上紧下松型	上松下紧型	松散型	通体壤
安新县	—	4 676 231.87	—	1 710 264.37
博野县	—	—	22 673 837.63	—
阜平县	—	—	20 402 512.79	—
高碑店市	—	—	16 221 369.59	—
高阳县	—	16 696 688.57	—	—
涞水县	—	—	1 207 155.76	—
涞源县	—	70 081 477.87	1 077 927.21	944 818.86
蠡县	—	—	958 181.45	—
满城区	—	—	—	536 655.79
清苑区	—	—	—	—
曲阳县	4 280 501.68	—	25 892 072.48	—
容城县	—	—	—	201 581.50
顺平县	—	—	90 268.38	8 173 388.49
唐县	13 559 306.78	1 900 741.72	—	4 497 388.46
雄县	—	—	—	4 121 433.82
易县	—	22 958.17	25 983 203.09	294 790.70

障碍因素：利用耕地质量等级图对障碍因素栅格数据进行区域统计得知，再利用行政区划图与耕地质量等级图叠加联合形成行政区划耕地质量等级综合图，对8级地障碍因素数据进行区域统计，具体见表5-88。

表5-88　8级地障碍因素行政区划分布

县（市、区）	障碍因素（m²）			
	瘠薄	无	盐碱	障碍层次
安新县	—	2 838 546.69	4 676 231.87	—
博野县	—	22 970 710.68	—	—
阜平县	6 648 169.48	14 433 358.10	—	6 494 399.65
高碑店市	16 221 369.59	—	—	—
高阳县	—	2 267 259.61	14 429 428.97	—
涞水县	7 101 691.73	—	—	—
涞源县	—	72 785 193.88	—	—
蠡县	—	17 647 012.88	—	—
满城区	—	536 655.79	—	—

（续表）

县（市、区）	障碍因素（m²）			
	瘠薄	无	盐碱	障碍层次
清苑区	—	20 941 943.12		
曲阳县	20 436 172.54	53 041 628.04	52 494 182.07	—
容城县	—	1 321 872.35		
顺平县	—	8 263 656.87		
唐县	13 559 306.78	29 846 361.74	4 477 230.13	—
雄县	—	4 121 433.82		
易县	1 465 593.28	33 465 073.78	—	—

灌溉能力：利用耕地质量等级图对灌溉能力栅格数据进行区域统计得知，8 级地灌溉能力分为 4 个状态"充分满足""满足""基本满足"和"不满足"，具体见表 5-89。

表 5-89 8 级地灌溉能力行政区划分布

县（市、区）	灌溉能力分布（m²）			
	不满足	充分满足	基本满足	满足
安新县	—	—	2 838 546.69	4 676 231.87
博野县	—	—	22 970 710.68	—
阜平县	—	6 648 169.48	—	20 927 757.75
高碑店市	—	16 028 227.48	—	193 142.11
高阳县	—	—	—	16 696 688.57
涞水县	1 971 989.75	—	5 129 701.98	—
涞源县	71 707 266.67	—	—	1 077 927.21
蠡县	—	—	17 647 012.88	—
满城区	536 655.79	—	—	—
清苑区	—	—	20 941 943.12	—
曲阳县	1 205 025.53	—	98 994 476.69	25 772 480.44
容城县	—	—	1 321 872.35	—
顺平县	7 128 459.74	—	840 559.39	294 637.74
唐县	42 905 947.48	—	4 477 230.13	499 721.04
雄县	—	—	—	4 121 433.82
易县	7 515 195.47	—	1 432 268.50	25 983 203.09

排水能力：利用耕地质量等级图对排水能力栅格数据进行区域统计得知，8 级地排水能力处于"充分满足""满足""基本满足"和"不满足"状态，具体见表 5-90。

表 5-90　8 级地排水能力行政区划分布

县（市、区）	排水能力分布（m²）			
	不满足	充分满足	基本满足	满足
安新县	—	—	5 804 514.20	1 710 264.37
博野县	—	—	—	22 970 710.68
阜平县	—	27 575 927.23	—	—
高碑店市	—	—	16 221 369.59	—
高阳县	—	—	16 696 688.57	—
涞水县	—	—	7 101 691.73	—
涞源县	—	2 628 839.65	944 818.86	69 211 535.38
蠡县	—	—	16 688 831.42	958 181.45
满城区	—	—	536 655.79	—
清苑区	—	—	—	20 941 943.12
曲阳县	11 088 247.38	61 498 470.41	29 518 208.46	23 867 056.41
容城县	—	—	1 120 290.84	201 581.50
顺平县	—	90 268.38	7 128 459.74	1 044 928.75
唐县	3 291 436.89	—	5 683 181.70	38 908 280.06
雄县	—	—	—	4 121 433.82
易县	—	27 811 447.30	1 760 383.98	5 358 835.77

有机质含量：利用耕地质量等级图对土壤有机质含量栅格数据进行区域统计得知，8 级地土壤有机质含量平均为 13.30 g/kg，变化幅度在 4.30~31.20 g/kg，有机质（平均值）含量最高的是涞水县，最低的是雄县。利用行政区划图与耕地质量等级图叠加联合形成行政区划耕地质量等级综合图，对土壤有机质含量栅格数据进行区域统计，具体见表 5-91。

表 5-91　土壤有机质 8 级地行政区划分布

县（市、区）	有机质（g/kg）		
	平均值	最大值	最小值
安新县	8.29	12.00	5.50
博野县	10.24	15.20	9.70
阜平县	16.46	27.10	8.90
高碑店市	13.56	14.40	13.20
高阳县	6.14	8.80	5.50
涞水县	20.70	27.00	18.30
涞源县	12.96	18.50	8.40
蠡县	8.63	13.10	7.90

（续表）

县（市、区）	有机质（g/kg）		
	平均值	最大值	最小值
满城区	8.50	8.50	8.50
清苑区	7.39	8.80	6.00
曲阳县	14.89	31.20	9.00
容城县	10.79	12.30	10.10
顺平县	13.92	20.20	11.40
唐县	12.15	21.20	4.30
雄县	4.50	4.50	4.50
易县	11.73	18.80	9.90

有效磷含量：利用耕地质量等级图对土壤有效磷含量栅格数据进行区域统计得知，8级地土壤有效磷含量平均为17.55 mg/kg，变化幅度在1.20~84.20 mg/kg，有效磷（平均值）含量最高的是曲阳县，最低的是容城县。利用行政区划图与耕地质量等级图叠加联合形成行政区划耕地质量等级综合图，对土壤有效磷含量栅格数据进行区域统计，具体见表5-92。

表5-92　土壤有效磷8级地行政区划分布

县（市、区）	有效磷（mg/kg）		
	平均值	最大值	最小值
安新县	9.81	11.90	4.70
博野县	6.61	10.80	3.80
阜平县	14.90	38.20	1.30
高碑店市	6.31	8.70	5.60
高阳县	9.97	11.90	2.00
涞水县	17.45	34.90	3.10
涞源县	10.39	32.90	3.50
蠡县	6.00	16.30	2.90
满城区	18.50	18.50	18.50
清苑区	4.99	5.80	4.20
曲阳县	29.14	84.20	1.20
容城县	4.07	4.70	2.70
顺平县	26.22	32.90	2.30
唐县	10.91	32.90	1.20
雄县	14.80	14.80	14.80
易县	16.91	34.90	4.70

速效钾含量：利用耕地质量等级图对土壤速效钾含量栅格数据进行区域统计得知，8 级地土壤速效钾含量平均为 110.4 mg/kg，变化幅度在 42～204 mg/kg，速效钾（平均值）含量最高的是满城区，最低的是清苑区。利用行政区划图与耕地质量等级图叠加联合形成行政区划耕地质量等级综合图，对土壤速效钾含量栅格数据进行区域统计，具体见表 5-93。

表 5-93 土壤速效钾 8 级地行政区划分布

县（市、区）	速效钾含量（mg/kg）		
	平均值	最大值	最小值
安新县	68.5	86	48
博野县	91.6	102	76
阜平县	68.1	101	51
高碑店市	83.2	102	75
高阳县	82.9	86	70
涞水县	94.0	103	80
涞源县	144.5	204	92
蠡县	81.0	120	76
满城区	146.0	146	146
清苑区	57.0	61	53
曲阳县	112.0	200	51
容城县	60.8	82	51
顺平县	125.8	177	114
唐县	124.6	204	73
雄县	108.0	108	108
易县	111.5	134	42

pH 值：利用耕地质量等级图对土壤 pH 值栅格数据进行区域统计得知，8 级地土壤 pH 值平均为 8.23，变化幅度在 7.60～8.90，pH 值（平均值）最高的是清苑区，最低的是高碑店市。利用行政区划图与耕地质量等级图叠加联合形成行政区划耕地质量等级综合图，对土壤 pH 值栅格数据进行区域统计，具体见表 5-94。

表 5-94 土壤 pH 值 8 级地行政区划分布

县（市、区）	酸碱度		
	平均值	最大值	最小值
安新县	8.20	8.54	8.03
博野县	8.01	8.20	7.87

（续表）

县（市、区）	酸碱度		
	平均值	最大值	最小值
阜平县	8.24	8.49	8.00
高碑店市	7.90	7.95	7.81
高阳县	8.04	8.06	8.03
涞水县	8.18	8.28	8.05
涞源县	8.41	8.90	8.00
蠡县	8.02	8.10	7.96
满城区	7.97	7.97	7.97
清苑区	8.61	8.61	8.60
曲阳县	8.22	8.49	7.87
容城县	8.48	8.54	8.34
顺平县	8.00	8.50	7.88
唐县	8.12	8.56	7.84
雄县	8.42	8.42	8.42
易县	8.16	8.50	7.60

地形部位：利用耕地质量等级图对丘陵山区地形部位栅格数据进行区域统计得知，8级地丘陵山区地形部位分为河谷阶地、宽谷盆地等10种类型。利用行政区划图与耕地质量等级图叠加联合形成行政区划耕地质量等级综合图，对地形部位数据进行区域统计，具体见表5-95。

表5-95 地形部位8级地丘陵山区行政区划分布

县（市、区）	地形部位面积（m²）				
	河谷阶地	宽谷盆地	平原低阶	丘陵上部	丘陵下部
阜平县	—	6 648 169.48	—	—	—
涞水县	3 179 145.51	—	—	—	—
涞源县	—	39 817 597.17	—	—	—
满城区	—	—	—	—	—
曲阳县	—	568 894.37	52 494 182.07	—	636 131.16
顺平县	—	—	—	—	—
唐县	—	13 559 306.78	4 477 230.13	—	23 448 231.56
易县	33 324.79	—	5 335 877.60	3 045 712.42	

（续表）

县（市、区）	地形部位面积（m²）				
	丘陵中部	山地坡上	山地坡下	山地坡中	山间盆地
阜平县	—	—	20 927 757.75	—	—
涞水县	3 922 546.22	—	—	—	—
涞源县	9 259 474.89	944 818.86	1 077 927.21	—	21 685 375.76
满城区	—	—	536 655.79	—	—
曲阳县	—	—	1 565 265.63	70 707 509.42	—
顺平县	—	7 128 459.74	1 135 197.13	—	—
唐县	—	4 497 388.46	—	—	1 900 741.72
易县	8 596 390.31	294 790.70	15 294 568.16	2 307 044.91	22 958.17

地下水埋深：利用耕地质量等级图对地下水埋深栅格数据进行区域统计得知，8 级地平均地下水埋深 80.23 m。高阳县地下水埋深平均深度最大，容城县地下水埋深平均深度最小，变化幅度为 20.12~250.00 m，具体见表 5-96。

表 5-96　地下水埋深 8 级地行政区划分布

县（市、区）	地下水埋深（m）		
	平均值	最大值	最小值
安新县	142.34	250.00	22.50
博野县	35.00	35.00	35.00
高碑店市	22.53	27.16	20.12
高阳县	250.00	250.00	250.00
蠡县	49.64	50.00	35.00
清苑区	30.00	30.00	30.00
容城县	22.50	22.50	22.50
雄县	30.00	30.00	30.00

土壤耕层厚度：利用耕地质量等级图对土壤耕层厚度栅格数据进行区域统计得知，8 级地土壤耕层厚度平均为 18.0 cm，变化幅度在 14~20 cm，耕层厚度（平均值）最大的是高阳县、清苑区和雄县，最小的是容城县。对耕层厚度栅格数据进行区域统计，具体见表 5-97。

表 5-97 耕层厚度 8 级地行政区划分布

表 5-97 耕层厚度 8 级地行政区划分布

县（市、区）	耕层厚度（cm）		
	平均值	最大值	最小值
安新县	17.5	20	14
博野县	15.0	15	15
高碑店市	15.0	15	15
高阳县	20.0	20	20
蠡县	19.9	20	15
清苑区	20.0	20	20
容城县	14.3	15	14
雄县	20.0	20	20

土壤容重：利用耕地质量等级图对土壤容重栅格数据进行区域统计得知，8 级地平均土壤容重为 1.36 g/cm³，变化幅度在 1.00~1.90 g/cm³；土壤容重（平均值）最高的是容城县，最低的是蠡县。对土壤容重栅格数据进行区域统计，具体见表 5-98。

表 5-98 土壤容重 8 级地行政区划分布

县（市、区）	土壤容重（g/cm³）		
	平均值	最大值	最小值
安新县	1.40	1.49	1.36
博野县	1.32	1.90	1.30
高碑店市	1.42	1.47	1.10
高阳县	1.37	1.43	1.36
蠡县	1.05	1.43	1.00
清苑区	1.49	1.57	1.41
容城县	1.52	1.58	1.49
雄县	1.46	1.46	1.46

盐渍化程度：利用耕地质量等级图对洼淀区土壤盐渍化程度栅格数据进行区域统计得知，全市 8 级地无明显盐渍化。

九、9 级地

（一）面积与分布

将耕地质量等级分布图与行政区划图进行叠加分析，从耕地质量等级行政区域分布数据库中按权属字段检索出各等级的记录，统计各级地在各县区的分布状况。全市 9 级地，耕地面积 12 186.27 hm²，占耕地总面积的 1.54%，具体见表 5-99。

表 5-99　9 级地行政区域分布

县（市、区）	面积（m²）	分布	
		占本级耕地（%）	占总耕地（%）
安国市	8 127 424.09	6.67	0.10
阜平县	300 404.81	0.25	0.004
高碑店市	3 953 067.65	3.24	0.05
涞水县	11 141 258.29	9.14	0.14
涞源县	792 550.53	0.65	0.01
清苑区	7 549 092.23	6.19	0.10
曲阳县	59 707 157.37	49.00	0.75
顺平县	6 711 152.17	5.51	0.08
唐县	13 688 390.06	11.23	0.17
易县	6 195 494.86	5.09	0.08
定州市	3 696 697.66	3.03	0.05

（二）主要属性分析

耕层质地：利用耕地质量等级图对土壤耕层质地栅格数据进行区域统计得知，9 级地土壤耕层质地为轻壤、砂壤和中壤。利用行政区划图与耕地质量等级图叠加联合形成行政区划耕地质量等级图，对土壤质地栅格数据进行区域统计，具体见表 5-100。

表 5-100　9 级地耕地土壤质地行政区划分布

县（市、区）	不同耕层质地面积（m²）		
	轻壤	砂壤	中壤
安国市	730 297.54	7 397 126.55	—
阜平县	300 404.81	—	—
高碑店市	—	3 953 067.65	—
涞水县	2 816 220.30	8 325 037.98	—
涞源县	—	792 550.53	—
清苑区	5 625 253.61	1 923 838.62	—
曲阳县	8 406 906.66	51 300 250.71	—
顺平县	5 815 670.81	895 481.36	—
唐县	—	13 688 390.06	—
易县	—	535 358.04	5 660 136.81
定州市	3 377 080.00	319 617.66	—

质地构型：利用耕地质量等级图对土壤质地构型栅格数据进行区域统计，再利用行政区划图与耕地质量等级图叠加联合形成行政区划耕地质量等级综合图，对 9 级地土壤质地构型数据进行区域统计，具体见表 5-101。

表 5-101　9 级地土壤质地构型行政区划分布

县（市、区）	不同质地构型面积（m²）			
	薄层型	海绵型	夹层型	紧实型
安国市	—	—	—	8 127 424.09
阜平县	300 404.81	—	—	—
高碑店市	—	—	—	—
涞水县	4 894 576.21	—	6 178 704.26	—
涞源县	—	—	—	—
清苑区	—	7 549 092.23	—	—
曲阳县	—	1 533 178.06	—	29 713 901.45
顺平县	—	—	—	—
唐县	—	—	—	1 444 547.87
易县	—	—	—	—
定州市	—	—	—	3 696 697.66

县（市、区）	不同质地构型面积（m²）			
	上紧下松型	上松下紧型	松散型	通体壤
安国市	—	—	—	—
阜平县	—	—	—	—
高碑店市	—	—	3 953 067.65	—
涞水县	—	—	67 977.82	—
涞源县	—	182 131.15	—	610 419.38
清苑区	—	—	—	—
曲阳县	24 255 921.63	—	4 204 156.23	—
顺平县	—	—	—	6 711 152.17
唐县	9 402 773.77	—	—	2 841 068.42
易县	3 969 612.26	—	1 690 524.55	535 358.04
定州市	—	—	—	—

障碍因素：利用耕地质量等级图对障碍因素栅格数据进行区域统计得知，再利用行政区划图与耕地质量等级图叠加联合形成行政区划耕地质量等级综合图，对 9 级地障碍因素数据进行区域统计，具体见表 5-102。

表 5-102　9 级地障碍因素行政区划分布

县（市、区）	不同障碍因素面积（m²）				
	瘠薄	无	盐碱	障碍层次	溃潜
安国市	—	8 127 424.09	—	—	—
阜平县	—	—	—	300 404.81	—
高碑店市	3 953 067.65	—	—	—	—
涞水县	11 141 258.29	—	—	—	—
涞源县	—	792 550.53	—	—	—
清苑区	—	7 549 092.23	—	—	—
曲阳县	19 856 475.50	1 533 178.06	35 226 587.23	—	3 090 916.58
顺平县	—	6 711 152.17	—	—	—
唐县	9 402 773.77	2 841 068.42	1 444 547.87	—	—
易县	—	6 195 494.86	—	—	—
定州市	—	3 696 697.66	—	—	—

灌溉能力：利用耕地质量等级图对灌溉能力栅格数据进行区域统计得知，9 级地灌溉能力分为 3 个状态"基本满足""满足"和"不满足"，具体见表 5-103。

表 5-103　9 级地灌溉能力行政区划分布

县（市、区）	不同灌溉能力面积（m²）		
	不满足	基本满足	满足
安国市	—	8 127 424.09	—
阜平县	—	—	300 404.81
高碑店市	—	—	3 953 067.65
涞水县	8 754 103.21	2 387 155.07	—
涞源县	792 550.53	—	—
清苑区	—	7 549 092.23	—
曲阳县	2 994 572.94	52 088 489.79	4 624 094.64
顺平县	6 711 152.17	—	—
唐县	12 243 842.19	1 444 547.87	—
易县	6 195 494.86	—	—
定州市	—	3 696 697.66	—

排水能力：利用耕地质量等级图对排水能力栅格数据进行区域统计得知，9 级地排水能力处于"充分满足""满足""基本满足"和"不满足"状态，具体见表 5-104。

表 5-104　9 级地排水能力行政区划分布

县（市、区）	不同排水能力面积（m²）			
	不满足	充分满足	基本满足	满足
安国市	—		8 12 7424.09	—
阜平县	—	300 404.81	—	—
高碑店市	—		3 953 067.65	—
涞水县	—	8 754 103.21	2 387 155.07	—
涞源县	—		610 419.38	182 131.15
清苑区	—	—		7 549 092.23
曲阳县	3 315 505.93	6 866 920.59	35 964 139.94	13 560 590.91
顺平县	—	—	6 711 152.17	
唐县	150 131.24	1 294 416.63	2 841 068.42	9 402 773.77
易县	—	5 660 136.81	535 358.04	
定州市	—		3 696 697.66	

有机质含量：利用耕地质量等级图对土壤有机质含量栅格数据进行区域统计得知，9 级地土壤有机质含量平均为 14.30 g/kg，变化幅度在 4.20~31.20 g/kg，有机质（平均值）含量最高的是涞水县，最低的安国市和定州市，具体见表 5-105。

表 5-105　土壤有机质 9 级地行政区划分布

县（市、区）	有机质含量（g/kg）		
	平均值	最大值	最小值
安国市	4.20	4.20	4.20
阜平县	18.90	18.90	18.90
高碑店市	13.50	13.50	13.50
涞水县	20.37	22.80	18.20
涞源县	12.85	14.30	12.80
清苑区	6.00	6.00	6.00
曲阳县	15.90	31.20	5.50
顺平县	11.89	16.00	8.50
唐县	10.21	14.30	9.00
易县	17.06	20.10	12.80
定州市	4.20	4.20	4.20

有效磷含量：利用耕地质量等级图对土壤有效磷含量栅格数据进行区域统计得知，9 级地土壤有效磷含量平均为 17.51 mg/kg，变化幅度在 2.30~84.20 mg/kg，有效磷（平均值）含量最高的是涞源县，最低的清苑区。对土壤有效磷含量栅格数据进行区域

统计，具体见表5-106。

表5-106　土壤有效磷9级地行政区划分布

县（市、区）	有效磷（mg/kg）		
	平均值	最大值	最小值
安国市	14.80	14.80	14.80
阜平县	17.00	17.00	17.00
高碑店市	8.70	8.70	8.70
涞水县	20.21	69.70	2.70
涞源县	31.95	32.90	3.50
清苑区	4.20	4.20	4.20
曲阳县	19.69	84.20	4.50
顺平县	17.66	32.90	2.30
唐县	15.33	32.90	5.70
易县	13.31	32.90	10.70
定州市	14.80	14.80	14.80

速效钾含量：利用耕地质量等级图对土壤速效钾含量栅格数据进行区域统计得知，9级地土壤速效钾含量平均为99.1 mg/kg，变化幅度在53~224 mg/kg，速效钾（平均值）含量最高的是顺平县，最低的是清苑区，具体见表5-107。

表5-107　土壤速效钾9级地行政区划分布

县（市、区）	速效钾（mg/kg）		
	平均值	最大值	最小值
安国市	61.0	61	61
阜平县	70.0	70	70
高碑店市	91.0	91	91
涞水县	126.9	224	94
涞源县	113.8	114	107
清苑区	53.0	53	53
曲阳县	99.7	154	60
顺平县	127.8	146	114
唐县	106.3	114	88
易县	64.5	114	53
定州市	61.0	61	61

pH值：利用耕地质量等级图对土壤pH值栅格数据进行区域统计得知，9级地土壤

pH 值平均为 8.12，变化幅度在 7.80~8.78，pH 值（平均值）最高的是清苑区，最低的是易县，具体见表 5-108。

表 5-108　土壤 pH 值 9 级地行政区划分布

县（市、区）	酸碱度		
	平均值	最大值	最小值
安国市	7.86	7.86	7.86
阜平县	8.06	8.06	8.06
高碑店市	7.95	7.95	7.95
涞水县	8.07	8.28	7.92
涞源县	8.03	8.78	8.00
清苑区	8.61	8.61	8.61
曲阳县	8.25	8.58	8.02
顺平县	7.99	8.01	7.97
唐县	8.03	8.29	8.00
易县	7.82	8.00	7.80
定州市	7.86	7.86	7.86

地形部位：利用耕地质量等级图对丘陵山区地形部位栅格数据进行区域统计得知，9 级地丘陵山区地形部位分为河谷阶地、宽谷盆地等 7 种类型，具体见表 5-109。

表 5-109　地形部位 9 级地丘陵山区行政区划分布

县（市、区）	不同地形部位面积（m²）						
	河谷阶地	宽谷盆地	平原低阶	丘陵中部	山地坡上	山地坡下	山地坡中
阜平县	—	—	—	—	—	300 404.81	—
涞水县	8 754 103.21	—	—	2 387 155.07	—	—	—
涞源县	—	182 131.15	—	—	610 419.38	—	—
曲阳县	—	2 994 572.94	32 976 953.27	—	—	—	23 735 631.16
顺平县	—	—	—	—	895 481.36	5 815 670.81	—
唐县	—	9 402 773.77	1 444 547.87	—	2 841 068.42	—	—
易县	—	—	—	—	535 358.04	5 660 136.81	—

地下水埋深：利用耕地质量等级图对地下水埋深栅格数据进行区域统计得知，9 级地平均地下水埋深 26.34 m，具体见表 5-110。

表 5-110 地下水埋深 9 级地行政区划分布

县（市、区）	地下水埋深（m）		
	平均值	最大值	最小值
安国市	28.00	28.00	28.00
高碑店市	20.12	20.12	20.12
清苑区	30.00	30.00	30.00
定州市	28.00	28.00	28.00

土壤耕层厚度：利用耕地质量等级图对土壤耕层厚度栅格数据进行区域统计得知，9 级地土壤耕层厚度平均为 16.2 cm，变化幅度在 15~20 cm，具体见表 5-111。

表 5-111 耕层厚度 9 级地行政区划分布

县（市、区）	耕层厚度（cm）		
	平均值	最大值	最小值
安国市	15.0	15	15
高碑店市	15.0	15	15
清苑区	20.0	20	20
定州市	15.0	15	15

土壤容重：利用耕地质量等级图对土壤容重栅格数据进行区域统计得知，9 级地平均土壤容重为 1.37 g/cm^3，变化幅度在 1.10~1.57 g/cm^3，土壤容重（平均值）最高的是清苑区，最低的是高碑店市，具体见表 5-112。

表 5-112 土壤容重九级地行政区划分布

县（市、区）	土壤容重（g/cm^3）		
	平均值	最大值	最小值
安国市	1.43	1.43	1.43
高碑店市	1.10	1.10	1.10
清苑区	1.57	1.57	1.57
定州市	1.43	1.43	1.43

十、10 级地

（一）面积与分布

将耕地质量等级分布图与行政区划图进行叠加分析，从耕地质量等级行政区域分布数据库中按权属字段检索出各等级的记录，统计各级地在各县区的分布状况。全市 10 级地，耕地面积 15 022.87 hm²，占耕地总面积的 1.90%，具体见表 5-113。

表 5-113 10 级地行政区域分布

县（市、区）	面积（m²）	分布	
		占本级耕地（%）	占总耕地（%）
阜平县	41 855 820.68	27.86	0.53
涞水县	49 247 719.07	32.78	0.62
涞源县	7 574 472.31	5.04	0.10
曲阳县	30 744 578.04	20.47	0.39
顺平县	1 742 103.50	1.16	0.02
唐县	3 682 499.24	2.45	0.05
易县	15 381 524.42	10.24	0.19

（二）主要属性分析

耕层质地：利用耕地质量等级图对土壤耕层质地栅格数据进行区域统计得知，10 级地土壤耕层质地为轻壤、砂壤和砂土。利用行政区划图与耕地质量等级图叠加联合形成行政区划耕地质量等级图，对土壤质地栅格数据进行区域统计，具体见表 5-114。

表 5-114 10 级地耕地土壤质地行政区划分布

县（市、区）	不同耕层质地面积（m²）		
	轻壤	砂壤	砂土
阜平县	1 168 459.58	40 687 361.10	—
涞水县	11 641 300.59	35 164 995.05	2 441 423.42
涞源县	5 720 826.84	1 853 645.48	—
曲阳县	—	30 744 578.04	—
顺平县	924 644.98	817 458.52	—
唐县	—	2 301 292.35	1 381 206.89
易县	2 891 872.21	12 489 652.20	—

质地构型：利用耕地质量等级图对土壤质地构型栅格数据进行区域统计，再利用行政区划图与耕地质量等级图叠加联合形成行政区划耕地质量等级综合图，对 10 级地土壤质地构型数据进行区域统计，具体见表 5-115。

表 5-115　10 级地土壤质地构型行政区划分布

县（市、区）	不同质地构型面积（m²）						
	薄层型	海绵型	紧实型	上紧下松型	上松下紧型	松散型	通体壤
阜平县	1 860 351.49	—	7 192 712.58	—	—	32 802 756.62	—
涞水县	39 052 129.26	—	—	—	—	10 195 589.81	—
涞源县	7 256 365.72	—	—	—	114 389.95	203 716.64	—
曲阳县	157 573.62	3 219 207.64	20 908 341.27	—	—	6 459 455.51	—
顺平县	—	—	—	—	—	—	1 742 103.50
唐县	—	2 301 292.35	—	620 143.08	—	—	761 063.81
易县	849 412.69	—	2 324 042.61	—	—	12 208 069.12	—

障碍因素：利用耕地质量等级图对障碍因素栅格数据进行区域统计得知，再利用行政区划图与耕地质量等级图叠加联合形成行政区划耕地质量等级综合图，对 10 级地障碍因素数据进行区域统计，具体见表 5-116。

表 5-116　10 级地障碍因素行政区划分布

县（市、区）	不同障碍因素面积（m²）				
	瘠薄	无	盐碱	障碍层次	渍潜
阜平县	—	—	—	41 855 820.68	—
涞水县	49 247 719.07	—	—	—	—
涞源县	2 955 857.80	4 618 614.51	—	—	—
曲阳县	6 459 455.51	3 219 207.64	3 516 345.15	157 573.62	17 391 996.13
唐县	620 143.08	1 742 103.50	—	—	—
易县	849 412.69	3 062 356.16	—	—	—

灌溉能力：利用耕地质量等级图对灌溉能力栅格数据进行区域统计得知，10 级地灌溉能力分为 3 个状态 "基本满足" "满足" 和 "不满足"，具体见表 5-117。

表 5-117　10 级地灌溉能力行政区划分布

县（市、区）	不同灌溉能力面积（m²）		
	不满足	基本满足	满足
阜平县	28 670 403.79	311 792.36	12 873 624.52
涞水县	49 247 719.07	—	—
涞源县	7 370 755.68	—	203 716.64
曲阳县	1 421 834.45	9 975 800.65	19 346 942.93
顺平县	817 458.52	924 644.98	—
唐县	3 682 499.24	—	—
易县	6 185 416.89	—	9 196 107.53

排水能力：利用耕地质量等级图对排水能力栅格数据进行区域统计得知，10 级地排水能力处于"充分满足""满足""基本满足"状态，具体见表 5-118。

表 5-118　10 级地排水能力行政区划分布

县（市、区）	不同排水能力面积（m²）		
	充分满足	基本满足	满足
阜平县	41 855 820.68	—	—
涞水县	49 247 719.07	—	—
涞源县	3 159 574.44	—	4 414 897.88
曲阳县	157 573.62	11 773 173.84	18 813 830.58
顺平县	—	817 458.52	924 644.98
唐县	—	761 063.81	2 921 435.43
易县	15 381 524.42	—	—

有机质含量：利用耕地质量等级图对土壤有机质含量栅格数据进行区域统计得知，10 级地土壤有机质含量平均为 17.67 g/kg，有机质（平均值）含量最高的是涞水县，最低的是顺平县，具体见表 5-119。

表 5-119　土壤有机质 10 级地行政区划分布

县（市、区）	有机质（g/kg）		
	平均值	最大值	最小值
阜平县	16.24	25.70	10.30
涞水县	24.63	50.60	15.80
涞源县	19.44	33.20	7.00
曲阳县	12.69	18.90	5.50
顺平县	7.39	16.00	5.50
唐县	11.44	12.80	9.00
易县	14.37	33.20	9.90

有效磷含量：利用耕地质量等级图对土壤有效磷含量栅格数据进行区域统计得知，10 级地土壤有效磷含量平均为 12.51 mg/kg，变化幅度在 1.20~59.10 mg/kg，有效磷（平均值）含量最高的是易县，最低的涞源县。对土壤有效磷含量栅格数据进行区域统计，具体见表 5-120。

表 5-120　土壤有效磷 10 级地行政区划分布

县（市、区）	有效磷（mg/kg）		
	平均值	最大值	最小值
阜平县	10.65	42.90	1.30
涞水县	13.38	59.10	2.50
涞源县	9.87	20.00	4.30
曲阳县	10.00	20.90	1.20
顺平县	10.06	18.50	1.80
唐县	10.77	32.90	1.20
易县	17.80	23.30	10.70

速效钾含量：利用耕地质量等级图对土壤速效钾含量栅格数据进行区域统计得知，10 级地土壤速效钾含量平均为 83.9 mg/kg，变化幅度在 22~343 mg/kg，速效钾（平均值）含量最高的是顺平县，最低的是易县，具体见表 5-121。

表 5-121　土壤速效钾 10 级地行政区划分布

县（市、区）	速效钾（mg/kg）		
	平均值	最大值	最小值
阜平县	63.5	99	34
涞水县	119.3	343	69
涞源县	74.8	149	22
曲阳县	98.1	148	60
顺平县	122.3	146	98
唐县	100.8	114	93
易县	62.9	149	52

pH 值：利用耕地质量等级图对土壤 pH 值栅格数据进行区域统计得知，10 级地土壤 pH 值平均为 8.14，变化幅度在 7.80~8.66，pH 值（平均值）最高的是曲阳县，最低的是易县，具体见表 5-122。

表 5-122　土壤 pH 值 10 级地行政区划分布

县（市、区）	酸碱度		
	平均值	最大值	最小值
阜平县	8.23	8.40	7.99
涞水县	8.15	8.24	7.89
涞源县	8.22	8.66	7.80
曲阳县	8.30	8.58	7.87
顺平县	8.02	8.07	7.97
唐县	8.10	8.18	8.00
易县	7.83	8.14	7.80

地形部位：利用耕地质量等级图对丘陵山区地形部位栅格数据进行区域统计得知，10 级地丘陵山区地形部位分为河谷阶地、宽谷盆地等 10 种类型，具体见表 5-123。

表 5-123　地形部位 10 级地丘陵山区行政区划分布

县（市、区）	不同地形部位面积（m²）				
	河谷阶地	宽谷盆地	平原低阶	丘陵上部	丘陵下部
阜平县	—	—	—	—	—
涞水县	16 072 615.45		—	5 854 469.71	—
涞源县	—	2 546 759.66	—	—	—
曲阳县	—		1 797 373.19	—	1 421 834.45
顺平县	—	—	—	—	—
唐县	—	620 143.08	—	—	2 301 292.35
易县	—	—	—	—	—

县（市、区）	不同地形部位面积（m²）				
	丘陵中部	山地坡上	山地坡下	山地坡中	山间盆地
阜平县	—	—	41 855 820.68	—	—
涞水县	13 557 711.17	—		13 762 922.73	
涞源县	—	—	—	3 159 574.44	1 868 138.21
曲阳县	—	—	157 573.62	27 367 796.78	
顺平县	—	—	1 742 103.50	—	
唐县	—	761 063.81	—	—	
易县	—	—	5 336 004.20	10 045 520.22	

第三节　耕地质量评价结果验证

耕地质量是耕地自然要素相互作用所表现出来的潜在生产能力，耕地质量评价的实质是评价地形地貌、土壤理化性状、土壤管理等要素对作物生长限制程度的强弱。根据保定市各县（市、区）地形地貌、成土母质、人为因素（土壤养分状况）等主要成土因素对土壤发育的影响进行耕地质量分级。由河北农业大学、保定市农业局组成技术专家队对保定市耕地质量评价结果进行实地验证，验证采取专家验证与实地调查相结合的方法进行。

通过实地调查、专家论证，对保定市耕地质量分布情况和等级数量进行验证，验证结果为：耕地质量评价结果与保定市耕地实际情况吻合较好。

此次耕地质量评价明确了保定市耕地质量等级，能较好地指导保定市农业生产工作，实现农业生产的科学规划、布局和种植，为促进保定市农业增效、粮食增产和农民增收创造了良好条件。

第六章 耕地质量与配方施肥

第一节 施肥状况分析

一、施肥现状分析

通过调查发现，保定市农业肥料投入品种曾经比较单一。氮肥以"尿素"和"碳铵"为主，磷肥以"二铵"为主要品种，钾肥以复合肥、复混肥的方式施用，有机肥以猪粪、鸡粪为主要品种。施肥方法简单粗放。为了省时省力，农民多采用撒施、表施，然后进行大水漫灌的方式进行施肥，造成肥料渗漏、挥发损失量大，肥料利用率低[10]。随着测土配方施肥项目的推广，各种作物专用肥（复合肥）逐渐占领市场。但依然存在保定市农田在肥料使用上普遍存在重化肥、轻有机肥；重氮磷肥、轻钾肥；重大量元素肥、轻中微量元素肥料的盲目施肥现象，面临施肥品种不平衡，施肥方法不科学等问题，这不仅造成农业生产成本增加，而且带来环境污染，威胁农产品质量安全。

二、存在问题及注意事项

保定市农业生产在各级政府的大力支持下得到了快速发展，但化肥用量逐年增多，化肥施用不科学、不合理现象日渐突出。主要表现为：施肥量过大，施肥结构不合理，施肥方法不科学等问题。需要注意的是，根据测土配方施肥的结果进行有目的的施肥，"土壤—作物"系统中缺什么补什么，做到最大限度发挥肥料的利用率，最少的用量达到最大产出的目的。适当添加复合肥料和微生物肥料，根据肥料性质和植物营养特性，适时施肥。植物生长旺盛和吸收养分的关键时期应重点施肥，有灌溉条件的地区应分期施肥。确定作物不同时期的氮肥推荐量，有条件区域应建立并采用实时监控技术。

三、土壤培肥建议

根据保定市土壤养分含量的具体情况，在一定时期内土壤培肥过程中应遵循"因地因作物适量增加有机肥（秸秆还田）和氮肥用量，稳定钾肥用量，适当控制磷肥用量，因地因作物施用微肥"的原则[11]，在合理的施肥时期，运用科学的施肥方法进行土壤培肥工作。

（一）配方施肥种类

配方肥料按化学成分可分为有机肥料、无机肥料、有机无机肥料；按养分可分为单质肥料、复混（合）肥料（多养分肥料）；按肥效作用方式可分为速效肥料、缓效肥料；按肥料物理状况可分为固体肥料、液体肥料、气体肥料；按肥料的化学性质可分为碱性肥料、酸性肥料、中性肥料。

有机肥料主要是指以动植物残体（如畜禽粪便、农作物秸秆等）为来源并经无害化处理、腐熟的有机物料。化肥按所含养分种类又分为氮肥、磷肥、钾肥、钙镁硫肥、复合肥料、微量元素肥料等。常用的磷肥有过磷酸钙、重过磷酸钙、钙镁磷肥、磷矿粉等。常用的钾肥有氯化钾、硫酸钾、窑灰钾肥等；常用的复合肥有磷酸一铵、磷酸二铵、硝酸磷肥、磷酸二氢钾及多种掺混复合肥；常用的微肥有硫酸锌、硫酸亚铁、硫酸锰、硼砂、钼酸铵等。

根据土壤性状、肥料特性、作物营养特性、肥料资源等综合因素确定肥料种类，可选用单质或复混肥料自行配制配方肥料，也可直接购买配方肥料施用。

（二）施肥方法

常用的施肥方式有撒施后耕翻、条施、穴施等。应根据作物种类、栽培方式、肥料性质等选择适宜的施肥方法。例如，氮肥应深施覆土，施肥后灌水量不能过大，否则造成氮素淋洗损失；水溶性磷肥应集中施用，难溶性磷肥应分层施用或与有机肥料堆沤后施用；钾的施用应以底肥为主，配合追肥，把有限的钾肥施在含钾低的土壤和喜钾作物上；有机肥料要经腐熟后施用，并深翻入土。微肥的施用必须严格遵照技术要求，有效的方法是浸种、拌种、叶面喷施，有的也可直接施入土壤。随着现代化程度的提高，许多大型园区逐渐采用水肥一体化的方式施用肥料。

第二节　主要作物配方施肥技术

保定市主要种植小麦、玉米、甘薯、杂粮、果树等，根据作物需肥规律和土壤养分状况提出以下施肥技术[12]。

一、小麦

小麦正常生长发育需氮、磷、钾、铁、锌、铜、锰、硼等多种元素。在氮、磷、钾三要素中，相对需氮、钾较多，需磷较少。按照小麦需肥返青前较少，起身到扬花期间最多，以后又逐步减少的规律，在肥料使用上，应遵循"重施基肥和种肥，巧施追肥"的原则，合理调剂用量和时间[9]。

按照每生产 100 kg 小麦籽粒需要吸收纯氮 3 kg、五氧化二磷 1.3 kg、氧化钾 3 kg，氮、磷、钾吸收比例约为 2.3 : 1 : 2.3。根据土壤养分化验结果，适当调节三者的施用比例，缺什么施什么，做到吃饱不残留，吃好不浪费。有机肥和化肥相比较，具有养分全面、改善土壤结构等优点，保证一定的有机肥用量是适当补充微量元素、改良土壤结构和小麦丰产丰收的基础，每公顷可用有机肥 30 000~37 500 kg。对于保定市多数麦田来说，建议稳定现有氮肥、钾肥用量，适当降低磷肥用量。

二、玉米

夏玉米是需氮较多的作物，但随着氮肥投入量的增加，土壤养分供应易发生失调，需平衡施肥。不同产量水平、不同地力水平对氮、磷、钾的需求不一样，不同品种间也有差异。适宜的施肥时期和方法既要考虑玉米营养特点，又要考虑土壤水肥条件，以便及时有效地为夏玉米各生育期提供养分来源。磷、钾肥玉米苗期需求量大，一般在播种或苗期一次施入。氮肥的 30%~40% 在玉米 5~8 片叶时施入，氮肥的 40%~50% 在大喇叭口期追施，氮肥的 10%~20% 在灌浆期追施，肥料施用时要注意深施。为了减轻劳动强度，可施用缓释肥料。

三、甘薯

甘薯生长前期植株矮小，吸收养料较少。中前期地上部茎叶生长旺盛，薯块开始肥大，这时吸收养分的速度快、数量多，是甘薯吸收营养物质的重要时期，决定结薯数和最终产量。生长中后期地上部茎叶从盛长逐渐转向缓慢，大田叶面积开始下降，黄枯叶率增加，茎叶鲜重逐渐减轻，大量的光合产物源源向地下块根输送，这时除仍需吸收一定的氮、磷素，特别需要吸收大量的钾素。从甘薯开始栽插成活生长一直到收获，吸收的钾素比氮、磷多，在块根肥大盛期吸收更多。对氮素的需要情况是，生长前、中期吸收较快，在中、后期吸收较慢。对磷的需要，前、中期较少，块根迅速肥大时吸收量稍有增加。

与肥料的类型相比，肥料的合理配比更加重要，在生产上，可以考虑速效肥与缓释肥的配合施用，做到"前促、中控、后补"，从而夺取甘薯高产[13]。甘薯推荐施肥量中 N 为 120 kg/hm^2，P$_2$O$_5$ 为 65.2 kg/hm^2，K$_2$O 为 159 kg/hm^2。

在富磷低钾土壤区域应用肥料配方：氮—磷—钾为 14—8—14 和氮—磷—钾为 12—10—18；在土壤肥沃区域应用肥料配方：氮—磷—钾为 10—10—15。配方中的磷用普通过磷酸钙或硅钙磷肥来提供，这样在提供磷元素的同时也补充了硫和硅等元素，以促进甘薯的生长。

四、杂粮

（一）谷子

谷子属于耐瘠薄作物，是密植作物，子实和谷草营养均很丰富，植株繁茂，根系发达，并在土壤浅层伸展，需要从表层土壤中吸收大量养分。谷子一生需肥的规律是苗期和成熟期需肥较少，拔节至抽穗期需肥多。谷子每生产 100 kg 籽粒，需从土壤中吸收氮素 2.5~3.0 kg，五氧化二磷 1.2~1.4 kg，氧化钾 2.0~3.8 kg，氮磷钾的比例大致为 1 : 0.5 : 0.8。基肥要结合春秋整地增施基肥，以农家肥做基肥，每亩需施质量较好的基肥 2 000 kg 以培肥地力，改善土壤结构，增强土壤的抗逆性。

第一次追肥即"攻穗肥"在谷子 9 片叶后，由营养生长转为生殖生长时进行。结合中耕和培土，每亩追尿素 8 kg 或碳铵 15~20 kg；第二次追肥即"攻粒肥"从谷子 20 片叶到旗叶出现，标志着谷子营养生长将要结束；进入快速生殖生长的阶段是谷子对肥水需求的又一个高峰阶段，直接影响花粉、籽粒形成，决定粒数多少和籽粒秕瘦，此时结合松土、灭草，可亩追施尿素 3~4 kg 或碳铵 7~10 kg，为谷子增产奠定坚实的基础。

（二）绿豆

绿豆生育期短，耐瘠性强，在其他作物难以生长的瘠薄地上也能得到一定的产量，但是为了满足绿豆生育的需要，仅靠土壤供给的营养是不够的，必须增施肥料，才能提高其产量和品质。一般中等生产水平，每生产 100 kg 绿豆干物质约需氮素 5.32 kg、磷素 1.47 kg、钾素 1.62 kg；每生产 100 kg 籽实需吸收氮 9.68 kg、磷素 0.93 kg、钾素 3.51 kg 和一定量的钙、镁、硫、铁、铜、钼等元素。其中除部分氮素靠根瘤供给外，其余的元素要从土壤中吸收。

绿豆各生长时期对氮、磷、钾元素的吸收特点是：氮前、后期较少，中期最多；磷前期少，后期中，中期多；钾是前期中，后期少，中期最多。掌握的原则是少量多次，N、P、K 均衡，绿豆要获得最高产量的施肥配比为 N : P_2O_5 : K_2O = 1 : 1.68 : 0.96，推荐施用量分别为：纯氮 84.15 kg/hm²、五氧化二磷 141.0 kg/hm²、氧化钾 81.15 kg/hm²。推荐施用量分别为纯氮 56.7 kg/hm²、五氧化二磷 76.2 kg/hm²、氧化钾 53.5 kg/hm²。

五、果树

（一）核桃

核桃植株高大，根系发达，寿命长，需肥量尤其是需氮量要比其他果树大 1~2 倍。核桃在生长过程中除对大量元素需要量大外，对微量元素也需要全面。据叶片分析测定，正常叶含的纯元素为：氮 2.5%~3.25%，磷 0.12%~0.30%，钾 1.20%~3.00%，钙 1.25%~2.50%，镁 0.30%~1.00%，硫 170~400 mg/kg，锰 35~65 mg/kg，硼 44~212 mg/kg，锌 16~30 mg/kg，铜 4~20 mg/kg，钡 450~500 mg/kg。如缺其一或供量不足，就会发生生理障碍而出现缺素症，影响正常生长和产量品质。

基肥是供给核桃树全年生长发育的基础性肥料，它所含养分全面，肥效长，是当年结果后恢复树势和翌年丰产的物质保证。基肥以有机肥料为主，一般包括腐殖酸类肥料、堆肥、厩肥、圈肥、秸秆肥和饼肥等。基肥在土壤中逐渐分解，肥效缓和而平稳，可不断地供给树体吸收的大量元素和微量元素。在果树需肥急迫的时期必须及时追肥，才能满足果树生长发育的需要。追肥主要是在树体生长期进行，以速效性肥料为主，如尿素、碳酸氢铵以及复合肥等。

（二）桃树

桃树当年生长和结果 70% 以上取决于前一年的营养储备，前一年营养状况的好坏不仅影响当年产量，而且对来年开花结果有直接影响。梢果争夺养分激烈，桃树的新梢生长与果实发育在同一时期，因而梢果争夺养分矛盾较突出，健壮树花后如果氮过多，枝梢猛长，落果重；弱树如果氮不足，又会造成枝梢细短，叶黄果小，因此需要根据树势树龄和结果量施肥，协调梢果生长矛盾。一般幼年桃树每年每株施氮肥 0.1 kg 即可保证正常生长，磷、钾肥等量或略少；成年树按产量计算，每产 50 kg 果施基肥 100~150 kg，追肥氮肥 0.3~0.4 kg，磷肥 0.2~0.3 kg，钾肥 0.5~1.3 kg。

（三）枣树

枣树各个生长时期所需养分，从萌芽至开花对氮吸收较多，供氮不足时影响前期枝叶和花蕾生长发育，枣树开花期对氮、磷、钾的吸收增多。幼果期是枣树根系生长高峰时期，果实膨大期是枣树对养分吸收的高峰期，养分不足时果实生长受到抑制，会发生严重落果。果实成熟至落叶前，树体主要进行养分的积累和贮存，根系对养分的吸收减少，但仍需要吸收一定量的养分，为减缓叶片组织的衰老过程，提高后期光合作用，可喷施含尿素的氨基酸叶面肥。一般每亩生产 1 000 kg 鲜枣需氮 15 kg、五氧化二磷

10 kg、氧化钾 13 kg，对氮、磷、钾的吸收比例为 1：0.67：0.87，考虑到土壤肥料利用率 30%~50%，故以此指标的 2 倍作为枣园的施肥配方标准。

（四）苹果树

苹果树对养分需求的特性随着不同树龄其需肥规律不同。苹果幼树需要的主要养分是氮和磷，特别是磷对植物根系的生长发育具有良好的作用；成年果树对营养的需求则主要是氮和钾，特别是由于果实的采收带走了大量的氮和钾等许多营养元素，若不及时补充则将严重影响苹果来年的生长及产量[14]。一般每生产 1 000 kg 果实，需要吸收纯氮 3 kg、五氧化二磷 0.8 kg、氧化钾 3.2 kg，可根据土壤养分供应调整施肥量。苹果树生长前期以氮为主，中后期以钾为主，对磷的吸收全年比较平稳。根据亩产 5 000 kg 以上的果园，施用苹果专用肥其氮磷钾比例为 1.5：1.0：1.2。这种比例无论是对树体生长，还是对花芽分化都比较合适。但是，由于苹果树种植面积很广，各地的土壤、气候条件都不一样，所以各地使用的配方也应有所调整。

第七章　耕地资源合理利用的对策与建议

第一节　耕地资源数量和质量变化的趋势分析

一、保定市耕地资源的现状

根据保定市统计局数据统计，保定市耕地面积为 7.2×10^5 hm²，人均耕地面积 677.66 m²，约为 1.02 亩。耕地质量差异较大，包括高产田、中产田和低产田。其中，高产田 [产量在 600 kg/（亩·年）以上] 面积为 2.3×10^5 hm²，占总面积的 32.0%；中产田 [产量在 500～600 kg/（亩·年）] 面积为 3.5×10^5 hm²，占总耕地面积的 48.8%；低产田 [产量在 500 kg/（亩·年）以下] 面积为 1.4×10^5 hm²，占总耕地面积的 19.2%[15]。

高产田是保定市粮棉油作物生产的主要基地，主要分布在平原区和洼淀区的县区，山区县中的曲阳县和阜平县没有高产田；中产田产量中等，增产潜力很大，只要增加农业投入，改善农田利用设施，土壤质量和土地生产能力将明显提高，以安国市、清苑区、望都县、定兴县、蠡县和雄县面积居多；低产田面积较小，产量低、基础设施差，土壤改良难度大，以山区县曲阳县、涞源县和易县等面积居多[16]。

二、保定市耕地变化动态

（一）耕地数量变化趋势

建设占用耕地逐渐增加。随着保定市城市化、城镇化和工业化加速发展的进程，一些国家项目建设、集体建设和农民自建占用一定面积耕地。城市规模不断扩大，城市周围和交通沿线的地势平坦、水源充足、耕地质量高、长期投入积累多的大量肥沃农田被商业用地、居民住宅用地等占用，耕地面积减少迅速。在空间上的变化规律为距离市区越近的地区，城镇化进程较快、耕地面积减少迅速；距离市区远的地区，城镇化进程较慢，耕地面积减少速率相对较慢。

补充耕地难度加大，数量和质量降低。保定市耕地占补平衡制度将会继续得到严格的实施，但是通过土地开发整理完成补充耕地的难度将越来越大。即平原区耕地后备资源不足，且占用较多；山区耕地后备资源较充足，且占用较少，土地整理新增加的耕地数量无法弥补非农用占地的数量。补充耕地难度将逐步加大，成本逐渐提高，耕地数量仍呈缓慢减少趋势。

（二）耕地质量变化趋势

虽然农业在国民经济中的基础地位越来越受到重视，国家逐步加大对农业的投资力度和扶持力度，但随着人口数量增加和工业化进程加快、工业发展转型，工业"三废"增加、化肥和农药污染、生活垃圾污染也呈扩张之势，导致土壤环境质量的恶化，耕地质量退化，成为影响耕地总体质量提高的主要限制因素[17]。在很长一段时间内，只重视工商业的发展，一味寻求经济的飞速发展，而忽视了生态环境、土壤环境的保育和可持续发展，造成了耕地质量严重退化。自从"绿水青山就是金山银山"的理念被提出后，各级政府加大了对生态环境的保护和修复，推行实施了"沃土工程"、优质粮食产业工程，推广测土配方施肥技术，推进基本农田整治等工作，加强了对污染物、废弃物的治理和综合利用，使得耕地质量正在逐渐提升。

第二节　耕地资源利用面临的问题

一、保定市耕地资源态势

耕地是由自然土壤发育而成的，但并非任何土壤都可以发育成为耕地。能够形成耕地的土地需要具备可供农作物生长、发育、成熟的自然环境。具备一定的自然条件：必须有平坦的地形；必须有一定厚度的土壤，以满足储藏水分、养分，供作物根系生长发育之需；必须有适宜的温度和水分，以保证农作物生长发育成熟对热量和水量的需求；必须有一定的抵抗自然灾害的能力；必须达到在选择种植最佳农作物后，所获得的劳动产品收益，能够大于劳动投入，取得一定的经济效益。凡具备上述条件的土地经过人们的劳动可以发展成为耕地。这类土地称为耕地资源。

耕地资源是人类赖以生存的"粮食"。耕地的数量和质量直接影响社会的稳定和可持续发展。截至 2016 年底，保定市总土地面积为 22 190 km²。耕地面积为 717 643 hm²，人均耕地面积为 1.02 亩。中华人民共和国成立初期，人均耕地面积为 3.0 亩，到 1979 年人均耕地减少到 1.7 亩，1999 年，人均耕地面积为 1.3 亩。人均耕地面积逐年降低。

与第二次全国土地调查的耕地质量相比，中高产田面积增加，低产田面积减少。人类对耕地资源的攫取和开发利用程度逐渐增大，农作物播种面积、总产和单产逐年提高。2017 年统计年鉴显示：农作物总播种面积 1 048 671 hm²。粮食作物播种面积 766 070 hm²，单产 6 275 kg，产量 4 807 337 t。其中小麦播种面积 335 468 hm²，玉米播种面积 417 635 hm²，谷子播种面积 9 995 hm²，豆类作物播种面积 11 783 hm²，薯类作物播种面积 32 200 hm²，经济作物播种面积 238 618 hm²，其中棉花播种面积 7 173 hm²，油料作物播种面积 56 771 hm²，蔬菜播种面积 128 680 hm²，单产 60 076 kg，产量为 7 730 643 t。瓜果播种面积 22 220 hm²，单产 52 676 kg，产量 1 170 450 t。

二、保定市耕地资源存在的问题

(一) 耕地资源总量和人均耕地占有量不足

保定市人均耕地面积 1.02 亩，低于联合国粮食及农业组织制定的 1.2 亩/人的警戒线。随着社会经济发展，城镇化程度的提高，人口的持续增加，保定市对耕地资源的需求日益增大，耕地资源总量减少趋势不可逆转，且年递减率逐年加大。保定市出现的开发区建设热、房地产开发热，直接造成了部分耕地的浪费和破坏。

(二) 耕地退化，质量不断下降且分布不均衡

由于人类对耕地的不合理利用而导致的耕地质量下降，通常表现为土壤物理、化学和生物特性或经济特性退化。20 世纪 80 年代以来，保定市实施了大面积土壤改良。90 年代后期，长期短缺的化肥供应问题已经解决，新一轮种植业结构调整改变了长期的种植制度和作物布局。高投入、高产出、高效益理念导致过量施用化肥等问题，设施农业兴起，技术配套不完整等导致农业生产中的新问题。目前，有相当一部分耕地重使用轻养护，由于有机肥投入不足、化肥施用不平衡，造成耕地退化、耕层变浅、耕性变差，保水、保肥能力下降，产出水平低。

农药、农膜的大量使用，使耕地中有机废弃物含量高；地表水污染严重；工矿企业、乡镇企业、建设工程项目的排污、倾渣占压耕地；盲目增施肥料，这些因素造成农田环境污染不断积累和加重，并构成了从水体—土壤—生物—大气的全方位污染风险，恶化了土壤结构，导致耕地质量不断退化，同时给粮食产量和质量带来负面影响。

此外，由于种植结构单一，过量施用化肥，农业生产发展到专业化生产，长时间连续单一种植某一种作物，极易导致土壤养分失调、土壤酸化、土壤次生盐渍化等一系列问题。

保定市耕地分布呈现明显的地域差异，耕地资源主要集中在中东部平原和洼淀地

区。平原区和洼淀区地势平坦、水热充足、土壤肥沃，耕地质量较高，配套设施完善。太行山丘陵地区地势起伏较大，宜耕性较差，机械化程度低。同时，耕地资源分布还与县域经济发展和城镇化进程速度有直接关系，经济发展快，城镇化程度高，耕地资源占用多，且后备资源严重不足，且新增（补充复垦）耕地质量低；反之，则耕地占用较少，尤其是山区县（区、市），耕地后备资源较为充足，补充较好。

（三）耕地监管不严，闲置率高

我国制定了《中华人民共和国农业法》《中华人民共和国土地管理法》《中华人民共和国基本农田保护条例》等一系列法律、法规，并在刑法中增加关于保护耕地的法律条文，部分省区还制定了相应条例、办法，在一定程度上规范了耕地保护、利用行为，但部分人员对耕地保护意识淡薄，造成了法律执行困难。同时，由于部分地区国土执法部门监管不严，降低了耕地保护相关法律的权威。建设盲目性造成大量耕地被占用而又未开发利用，造成耕地严重浪费。

（四）耕地利用重用轻养，土壤养分失调，制约耕地质量的提升

21 世纪以前，大田作物种植普遍重施氮肥，轻施磷钾、有机肥；重施大量元素，轻施微量元素；单质肥料施用普遍，复合肥料比例较低。同时，随着蔬菜种植迅猛发展，大量、过量施肥现象严重，尤其是氮肥过量施入，造成部分菜地盐渍化，降低了耕地土壤的可持续生产能力。虽然测土配方施肥技术得到全面普及，但当前农业集约化程度低，一家一户分散耕种，以及种田者文化程度低、年龄大、积极性低等不利因素，制约着耕地质量的提升和可持续发展[18]。

由于耕地质量和数量的降低和减少，导致了一系列问题：农产品成本高，效益低；高投入、低产出使农民难以脱贫致富；科技进步的作用削减；农产品的质量安全受影响，影响人民的身体健康；生态环境恶化风险等。

第三节　耕地资源合理配置和种植业合理布局

一、耕地质量与粮食生产能力分析

本次耕地质量调查中，保定市共采集 840 个采样点，化验了 12 000 多个有效数据，基本摸清了保定市各县区耕地的质量状况。耕地自 1984 年全国第二次土壤普查以来，耕地质量发生了很大变化，土壤有机质和土壤全氮平均含量升高到 3 级水平；土壤磷素和钾素平均含量显著提高，3 级水平为主，1 级、2 级所占比例增大；土壤微量元素平

均含量显著提高，铜和锌以1级、2级、3级为主，铁主要是1级水平，锰为3级水平，都维持在中等以上水平，极少有缺乏现象发生。

从地力等级的评价得出，保定市 7.2×10^5 hm² 常用耕地以全部种植粮食作物计，其粮食生产能力为 5.3×10^9 kg。通过对中低产田进行改良治理，可显著提高单位面积的粮食产量，耕地生产潜力巨大，粮食生产仍有很大的潜力可以挖掘。保定市耕地潜在生产能力分析见表7-1。

表7-1　保定市耕地潜在生产能力分析

地力等级	单位粮食生产能力（kg/hm²）	面积（hm²）	所占比重（%）	粮食生产能力（kg）
高产田	>10 500	2.3×10^5	32.03	2.4×10^9
中产田	10 500~6 000	3.5×10^5	48.75	2.1×10^9
低产田	<6 000	1.4×10^5	19.22	8.3×10^8
合计	—	7.2×10^5	100.00	5.3×10^9

二、种植业布局现状与问题

(一) 现状

伴随着经济发展，保定农业种植结构发生了显著变化，特别是20世纪80年代以后，农业结构越来越趋于优化，越来越趋于合理。保定市仍保持以种植业为主，林业、畜牧业、渔业和副业比重逐渐增加。种植作物仍以粮食作物为主，经济作物和设施果蔬比重逐渐增加。

目前，保定市农业发展的思路是"稳面积、攻单产、增总产"，认真落实耕地地力保护补贴政策，推广综合增产配套技术，大力推进高产稳产，建设国家级万亩示范方，粮食生产水平稳步提高。2015年，粮食作物播种面积1 231.4万亩，比2010年增加10.64万亩，预计总产520.3万t，比2010年增加10.38万t，人均占有粮食492 kg，占全省总量的15%，高于全省、全国平均水平。从2007年开始，全市粮食总产连续9年跨上50亿kg台阶，2012—2014年3次获得全国粮食生产先进市称号。2014年，全市蔬菜种植面积222万亩，总产908.2万t，分别较2010年增长12.86%和17.2%，面积和总产位居全省第三位和第四位。在产量稳步增加的同时，更加注重质量提升，设施西瓜、草莓、麻山药、食用菌等成为优势特色产业品种，产业发展规模和水平迅速提升。

"十二五"期间，保定市初步建成沿107国道优质专用粮食产区、西部山区和黑龙港地区小杂粮优势产业带。全市优质小麦发展到480万亩，占全市小麦播种面积的

94%；优质粮饲兼用玉米发展到 520 万亩，占全市夏玉米播种面积的 97%；发展饲用玉米 6.2 万亩、甜糯玉米 16.4 万亩。基本形成了蔬菜、食用菌、麻山药、中药材等特色产业区。

蔬菜：基本形成涿州市、定兴县、涞水县环北京设施蔬菜集中产区；满城区、顺平县设施为主的草莓生产基地；清苑区、容城县设施西瓜和甜瓜生产基地；徐水区、望都县无公害西红柿基地；清苑区拱棚蔬菜、西瓜基地。

食用菌：以阜平县、唐县、顺平县、涞水县、易县等山区县为主的食用菌生产基地发展迅速。全市种植食用菌的农户 14 243 余户，从业人员 2.6 万多人，百亩以上规模种植企业（合作社）14 个，食用菌专业合作社 48 个，栽培面积 2.2 万余亩，总产 17 万多 t，产值 8.6 亿元。

中药材：全市初步形成了以安国市为中心辐射清苑区、博野县、望都县，以西部阜平县、涞源县、涞水县为主的山区两大片区。全市中药材种植面积达到 24.9 万亩，其中 GAP 认证达到 7 万余亩，中药材种植品种约 50 余个，年产药材 1.3 万 t，总产值 10.8 亿元。

麻山药：全市种植面积 15.75 万亩，主要集中在唐河、潴龙河流域的蠡县、高阳县、清苑区、安国市等地，形成了麻山药集中优势产区，蠡县、高阳县、安国市麻山药基地在全省乃至全国都享有一定的知名度。

（二）问题

（1）农业资源短缺、基础薄弱、抗御防御自然灾害能力弱。农业在投入产出、财政贡献、比较效益上的弱势地位使其面临的耕地面积减少、耕地质量下降、水资源制约愈发凸显。农业产业大而不强、种养结构全面不优，效益不高、体制不活等问题还比较突出。农田水利设施虽然有了较大改善，但仍不能满足现代农业的需求，农产品交易、仓储、物流等基础设施建设不配套，滞后于农业生产发展。

（2）区域布局仍待进一步优化。主要问题是种植业的规模优势发挥不够，原有区域种植业功能定位和发展目标已不完全适应新时期农业发展的需要。农产品市场竞争力不够强，优势农产品之间竞争，水土资源的矛盾逐步显现，增加了主要农产品结构平衡的压力。

（3）农业产业化、组织化水平不高，高投入、见效慢。农村劳动力供给的结构性矛盾逐步显现，特别是农村高素质劳动力供给短缺的现象尤为突出。国际农产品市场对我国农业的影响日益加深，农产品进口增多，国内市场风险增大。农民专业合作组织和行业协会数量少、规模小、不稳定的发展格局仍未根本改变，在政策传递、科技服务、信息沟通、产品流通等方面的作用尚未充分发挥。农业小生产与大市场的矛盾依然突出，抵御市场风险的能力仍然较弱。新型经营主体发展不快，家庭农场刚刚起步，总体数量少、规模小；合作社规范化程度不高，形式单一，农户带动能力不足；社会化服务组织小弱散问题突出，从事农业社会化服务的合作组织较少，农机合作社、专业化防统治组织总体上作业规模小、覆盖面窄。

（4）农业社会化服务体系相对滞后，扶持政策尚不完善。公益性服务体系运行举步维艰，基层农技推广服务体系改革不到位。农业技术推广手段落后单一，且单项技术多，集成配套技术少，成果转化为生产力的效率低，经营性服务组织发育程度低、服务能力有限。特别是专业合作营销组织不发达，产销衔接不紧密，品牌多杂乱，优势产品品牌不突出，运销服务、质量标准、标识包装等方面与发达国家和地区存在较大差距。优势产业发展的政策性金融支持力度不够，合作金融、民间金融发展滞后，农村金融体系功能不健全、服务不到位；农业政策性保险制度还不完善，农业风险分担机制尚未完全建立。政府引导、农民主体、多方参与的优势农产品产业带建设长效机制尚未形成。

三、种植业布局的分区建议

各农业区域都具有经济、生态和社会等基本内涵，但因自然资源和社会经济资源条件差异，不同的发展环境和历史演变，又使各农业区域形成了各自的主导产业和次要产业。农业分区是在各区域资源优势和不利因素综合分析的基础上，根据其主导产业兼顾次要产业，并按照产业主体发展方向的原则进行分区。

（一）种植业布局的划分方法

1. 种植业布局的分区单位

分区单位就是分区研究中的分区对象。在特定情况下，它可以是一个山系、一块田地或一个行政单位（村、乡、县等）。保定市种植业布局研究中所采用的分区单位是县区。

2. 种植业布局的分区因素

分区因素是指以表征分区单位中各个侧面特征和特点的因素，是分区单位某个方面的定量或半定量的描述，分区因素的集合实质上就是分区研究中采用的指标体系。指标体系应包括以下4个方面：

（1）表述分区单位的有关自然条件中硬特征指标：主要是人均耕地、劳均耕地、耕地质量等。

（2）生态效应指标：主要是复种指数、人均产粮、人均产棉等。

（3）经济效益指标：主要是单位耕地农业收入。

（4）环境质量指标：主要是耕地受污染程度等。

3. 种植业布局分区方法

分区过程实质上是一个聚类过程，即把具有较强相似性的分区单位归并为相应的一类。因地制宜是进行种植业布局的前提条件，专业化是进行种植业布局的手段，满足现场生产需求和无污染则是种植业布局的目的，三者构成了我国目前种植业布局的主要思想。

（二）种植业布局分区结果

（1）粮油作物生产优势区：按照资源禀赋，优化特色农产品生产布局，推进优势作物向优势产区集中，适当调减西部山区和京南保北地区玉米面积，压缩西部丘陵山区和东部黑龙港地区高耗水小麦等作物，加快甘薯、马铃薯、食用菌、油葵等特色作物发展。棉花种植向高阳县、蠡县、安新县等黑龙港优势区集中；花生种植向沙河、潴龙河、唐河、大清河、拒马河流域沙壤土类型区集中，形成南部安国市、博野县、清苑区、蠡县、高阳县和北部的定兴县、高碑店市、易县、涞水县、涿州市、雄县两大优势集中产区；马铃薯重点在涞源县、涞水县、阜平县等山区县加快发展；定兴县、易县、曲阳县、唐县等地要扩大甘薯种植面积。

（2）蔬菜生产优势区：以涿州市、定兴县、涞水县、徐水区、容城县设施蔬菜生产为重点，发展面向京津的设施优质精特蔬菜的环京津优质精特菜基地；以涞源县、阜平县、易县为主，重点发展露地、地膜生态蔬菜生产的西部山区生态蔬菜基地；以满城区、顺平县为主，推广设施无公害草莓栽培技术为重点的无公害草莓生产基地；以清苑区、容城县为主，重点推广配方施肥、优质品种、无公害配套栽培技术的优质西（甜）瓜生产基地；以蠡县、高阳县、清苑区、安国市和定兴县为主的麻山药生产基地，做大做强国家地理标志保护产品；以清苑区、徐水区、满城区为主，建设保定城区蔬菜供应基地。

（3）中药材生产优势区：按照"转方式调结构"的总体要求，着眼国际、国内2个市场，充分发挥比较优势，优化区域布局，培育优势产品和优势产区，推进产业升级，形成产供销一条龙的生产经营新格局。建立涞源县、涞水县、阜平县等西部山区仿野生中草药种植基地，扩大中药材种植面积，发挥安国市中草药集散地的优势，努力推进产销衔接。推进一批中药材通过中药材生产质量管理规范（GAP）和"三品一标"认证登记和商标注册，培育一批具有较强知名度和市场占有率的骨干品牌，增强在全国市场的主导权和话语权。

（4）西北部林果区：优化区域布局，引导西部山区扩大优质水果种植面积。优化品种结构，重点发展苹果、梨、桃、柿子等优势果品，合理搭配早中晚熟品种。推进标准果园创建。支持创建成方连片水果现代化园区，建设现代化精品果园，加快老果园更新改造，完善果园基础设施，提升果园地力，推进机械化作业，大力推广绿色栽培技术，示范推广矮砧密植模式，提升果园标准生产水平。

西北部林果区果品种植具有得天独厚的优越条件，种植果品历史悠久，具有丰富的栽培和加工条件，广大果农从多年的实践中积累了一整套成功经验，加上适宜的气、土、水条件，种植的果品产量高、质量好。通常农业结构愈合理、愈精细，总体功能愈高；结构愈单一、愈不合理，系统的总体功能愈低。林业在搞好农田林网建设的同时应重点规划好防护林带，实行乔灌结合，防止土壤流失，改善农业气候，培肥土壤，改善土壤条件。

第四节　耕地资源合理利用的对策与建议

耕地是食物供应的"基地"，耕地是作物生长的源泉，合理利用耕地资源是农业发展的需要；耕地是有限的不可再生资源；耕地是维持农村稳定、社会发展的基础。耕地资源的可持续利用对于保障国家粮食安全、全面建设农村小康社会、实现社会的稳定和谐都具有重要意义。

加强粮食产能建设，坚持"稳定面积、调整结构，节本增效、绿色生态，主攻单产、增加总产"的总体思路，认真贯彻落实国家扶持粮食生产的各项政策措施，正确协调和处理好3个关系（调整优化种植结构与稳定粮食生产、发展经济作物生产与稳定粮食生产、提高种植效益促进农民增收与稳定粮食生产），加快推进种植业结构调整，优化粮食作物品种布局和品种品质结构；加强良繁供种体系建设，努力提高统一供种水平；大力实施科技兴粮战略，集成高产配套种植技术，探索推广绿色增产模式，突出节水栽培，依靠科技提高单产；合理配方施肥，强化病虫草综防，努力实现化肥农药零增长，实现"藏粮于地、藏粮于技"；推进土地流转，培育新型经营主体，加强产销衔接，提高粮食生产的产业化水平。

保定市实现耕地资源可持续利用的主要途径如下：

（1）加大宣传力度，提高人们耕地保护意识。应通过电视、广播、报纸、网络等大众媒体，加大保护耕地资源的宣传力度，增强公民的土地忧患意识，树立耕地资源的生态保护观念，提高耕地质量建设和可持续发展利用的认识。通过对我国《中华人民共和国土地管理法》《中华人民共和国土地管理法实施条例》《中华人民共和国基本农田保护条例》《中共中央　国务院关于加强耕地保护和改进占补平衡的意见》等法律法规的宣传和落实，提高地方企业和公民的法律意识和法制观念，形成全社会共同遵守耕地保护的相关法律法规及以各种实际行动加强耕地保护的良好社会氛围。

（2）加强耕地监管，强化土地利用规划，提高征用补偿标准，保持耕地数量动态平衡。加大对国土管理干部的培训力度，提高管理干部的素质，以便及时发现、研究和处理耕地利用与保护中出现的新情况、新问题和对耕地违法现象进行严格执法。出台法律法规，保护耕地质量。耕地数量减少问题已引起有关部门的高度重视，但耕地质量退化问题尚未引起足够的重视。只有相关管理部门及土地使用者的高度重视，才能使作物—土壤—肥料形成物质和能量的良性循环。

严格控制非农建设占用耕地的数量和审批程序，应坚持耕地优先保护的原则，加强对非农建设占用耕地控制和引导，尽量不占或少占耕地，确需占用的应尽量占用低等级耕地，并在此基础上保证占用耕地和开发复垦相结合，做到占多少补多少，严禁"以质抵量"或"以量抵质"，确保耕地占补平衡。同时，减少非生产性建设项目占用耕地的审批。

（3）加大投入，培肥地力，防治耕地质量退化。强化农业先进技术推广，提高耕地土壤肥力，与此同时增加投入，培肥地力，加强中低产田的改造。进一步加强平衡施肥技术推广，推广农作物秸秆还田技术，增施有机肥、轮作、种植绿肥、施用土壤调理剂、施用微生物有机肥等技术。广辟有机肥肥源，提高土壤有机质含量，改善土壤的物理性状；提升土壤水肥气热的协调能力和培肥土壤肥力。合理施用化肥，加快肥料控释技术研究与应用，科学补充适量微量元素，进一步扩大平衡施肥推广面积，提高肥料利用率，减少养分流失。调整种植业结构，因地制宜发展生产，维护土壤生态平衡，提高耕地的产出效益。

（4）强化田间基础设施建设，增强抗灾防灾能力。加强农田水利基础设施建设，如灌溉保证率较低的地区，针对水资源较为短缺的现状，进行输水设备管道化改造，减少渗漏和蒸发，提高水分利用效率，提高灌溉保证率。大力发展节水灌溉农业，推广节水抗旱品种，减少地下水开采量；围绕设施农业，发展节水灌溉配套设施，积极推广管灌、滴灌、微灌、喷灌等先进节水技术，推广"水肥一体化"，提高水肥利用效率，实施蓄水工程，提高地表水的调蓄能力。

（5）加强加大综合防治农村农业环境污染，提高乡镇企业环保意识和能力，努力消除"三废"污染。防止耕地污染事件的发生，同时加大对耕地污染事件的查处力度。对于设备工艺落后、生产效率低下、排污超标的企业严格进行取缔，严禁固体废弃物的乱堆、乱放，严禁使用污水灌溉。强化农村生活废弃物的综合治理，改善农村生态环境。改造污染农田，针对毒源进行相应的工程或生物修复，使土壤重金属或有毒物质降至许可范围之内，保证作物优质、高产。

（6）发展生态农业，提高农产品质量。生态农业是在中国国情特点下产生的农业可持续发展模式，体现了生态与经济协调的可持续发展战略。发展生态农业，保护耕地资源，需有效削减化肥农药使用量。优化施肥结构，提高化肥利用率，减少化肥的环境损失，通过改进耕作制度，采用节水、节肥的综合管理体系与作物养分综合管理体系，全面推广测土配方施肥技术，增施有机肥、生态肥、微生物肥，降低化肥使用强度，着力提升土壤有机质含量。杜绝高毒农药流通和使用，推广无人机飞防技术，应用新型和高效低毒生物农药，利用物理或化学诱杀技术，实行绿色防控综合防治，减少农药使用量，降低农产品中的农药残留量，确保农产品质量安全。

（7）加强后备耕地资源的开发和整理。土地后备资源的开发和整理，是实现耕地占补平衡的基本途径。荒草地、山区耕地和其他未利用地是本市新增耕地潜力的主要来源，应及时对其进行开发和整理，通过"开源"与"节流"有机配合，最大限度地确保耕地占补平衡。

（8）优化农业产业结构，提高耕地资源利用效率。因势利导，综合地域、经济、耕地资源等因素，积极推进农业结构调整，发展优势产业。在稳定全市粮食种植面积的同时，积极发展优质粮食和高效经济作物；大力发展特色农业和生态循环农业，积极推进集约化农业技术发展。建设粮食主产区，加强农田水利和高标准农田建设；建设城郊观光休闲生态园区，充分利用耕地资源，做到最大效益产出；建设特色种植区，利用区域农业特色栽培优势，包括安国市药材，满城区草莓，阜平县大枣、杂粮等特色栽培优势，实现农业增效、农民增收，加快农业产业化进程，提高农业产业化经营水平。

第八章　中低产田类型及改良利用

第一节　中低产田类型与地力提升

中低产田是指土壤中存在一种或多种制约农业生产的障碍因素，导致单位面积产量相对低而不稳的耕地，是通过比较耕地、粮食产出能力与土壤—自然环境—社会经济技术的投入关系得出的。它是包含土壤、肥料、农学、农田水利、地貌、气象、农业经济等多学科内容的相对动态的概念。中低产田划分比较常用的方法是以粮食平均单产为基础，上下浮动20%作为划分高产、中产、低产田的标准。上下限之间的耕地为中产田，高于上限的为高产田，低于下限的为低产田[19]。

中低产田主要类型分为渍水潜育型、矿毒污染型、缺素培肥型、瘠薄增厚型、质地改良型、坡地改梯型等。保定市中低产田的类型包括缺素培肥型、瘠薄增厚型、质地改良型、坡地改梯型等。中低产田的改造是通过工程、物理、化学、生物等措施对中低产田土的障碍因素进行改造，提高中低产田土基础地力的过程[20]。

一、面积分布

保定地区总耕地面积为 $7.2×10^5$ hm^2，耕地质量利用评价中4级地及以下为中低产田，则中低产田面积为 $4.53×10^5$ hm^2，占总耕地面积的62.9%。高产田主要分布在高阳县和安新县。中低产田主要分布在曲阳县、蠡县和易县等地区。保定市中低产田分布及所占比例见表8-1。

表8-1　保定市中低产田分布及所占比例

类型区	县区市	中低产田（hm^2）	占总耕地面积（%）
洼淀区	安新县	12 031.9	2.66
	博野县	19 328.8	4.27
	高阳县	16 914.6	3.74
	蠡县	40 710.9	8.99
	容城县	15 634.7	3.45
	雄县	27 371.7	6.04

（续表）

类型区	县区市	中低产田（hm²）	占总耕地面积（%）
平原区	安国市	32 421.8	7.16
	定兴县	25 219.2	5.57
	高碑店市	25 453.6	5.62
	清苑区	34 424.0	7.60
	望都县	10 990.7	2.43
	徐水区	11 434.6	2.53
	涿州市	9 167.6	2.02
山地丘陵区	阜平县	14 923.8	3.30
	涞水县	16 588.2	3.66
	涞源县	26 339.3	5.82
	满城区	4 427.6	0.98
	曲阳县	38 110.4	8.42
	顺平县	10 217.6	2.26
	唐县	24 394.5	5.39
	易县	36 726.1	8.11

二、土壤养分状况

根据保定市监测点监测数据的统计分析，全市耕地土壤总盐、有机质、全氮、有效磷、速效钾、缓效钾、有效硫、有效硅含量平均值分别为 0.37 g/kg、17.33 g/kg、1.05 g/kg、22.27 mg/kg、143.17 mg/kg、872.62 g/kg、26.67 mg/kg、156.31 mg/kg。这说明有机质、全氮含量水平一般，速效钾含量中等，有效磷、有效硫、有效硅含量较高，缓效钾含量很丰富。

耕地土壤酸碱度（pH）平均值为 8.15，整体呈碱性，其中涿州市的酸碱度平均值最高，易县最低，为 7.38。

耕地土壤有效铜含量平均值为 1.18 mg/kg，评价结果为"高"，其中仅唐县有效铜表现为"低"，其他区域土壤均不缺铜；有效锌含量平均值为 2.18 mg/kg，评价结果为"中等"，要因地区、作物等实际情况决定是否施用锌肥；有效铁含量平均值为 27.62 mg/kg，评价结果为"高"，大部分地区不需施铁肥；有效锰含量平均值为 13.69 mg/kg，评价结果为"中高"，施肥过程中注意对锰肥的控制；有效硼含量平均值为 0.45 mg/kg，评价结果为"低"，安国市、涞水县、唐县、易县、涿州市等地区土壤有效硼含量相对较低，望都县为缺少，此类地区要注意对甘蓝型油菜、棉花、花生、大豆等硼敏感作物施用硼肥；有效钼含量平均值为 0.13 mg/kg，评价结果为"低"，全市普遍缺钼，要重视对花生、大豆、豆科绿肥等钼敏感作物施用钼肥。

三、障碍因素

有效土层厚度：保定市有效土层厚在 30~200 cm，变化幅度较大，其中在 100 cm 以下的点位占比为 39.76%，主要是保定西部及西北部山区有效土层较薄，制约了保定整体耕地质量的提升。

地下水埋深：保定地下水埋深在 1~250 m，变化幅度较大，其中隶属度在 0.7 以下的点位占比为 65.83%。地下水位偏低，气候干旱，土壤经常处于缺水状态，对农作物的生长发育造成一定的影响[21]。

土壤养分：全市耕层土壤养分含量分布不均，如有机质含量变化幅度在 4.15~50.61 g/kg，在西部及西北部山区含量较低，在东部及东南部山前平原区含量较高，导致山区耕地质量等级偏低。

耕层质地：其中隶属度在 0.7 以下的点位占 25%，主要为砂壤、黏土和砂土，限制了耕地质量的提升。砂质土结构松散，土壤中微生物活动强烈，有机质矿化程度高，漏水漏肥，对养分的吸附能力极弱，保肥性能差。黏土质地黏重，通透性差，蓄水量多，热容量较大，耕作困难，不利于小苗生长。

土体构型：是影响土壤水肥气热协调性主要因素，是反映耕地质量的重要指标。按照土壤发育层次、保肥供肥、保水供水性能以及通透性和耕种性，可将全市耕地土壤分为薄层型、上紧下松型、松散型、紧实型、夹层型、通体砂等。

农田基础设施：保定市耕地质量调查的点位灌溉能力处于基本满足和不满足的点位占 45.24%；区域内点位灌溉能力尚未达到满足状态，是区域耕地质量提高的限制性因素。

第二节　中低产田改良分区利用

一、不同类型区中低产田改良途径

（一）山地丘陵区

山地丘陵区中低产田土壤类型主要为褐土、石质土和粗骨土等，土壤水土流失严重、土壤团粒结构少、土层薄、养分含量低、保水保肥性差。而石质土和粗骨土，则是由于山体陡峭，土壤受降水的冲刷，黏粒和其他物质被冲失，仅留下大量的砾石和植物着生的少量薄层土壤。其发育过程经常被打断，故无发育层次，整个土层呈粗骨状。其分布规律是均在低山、水土流失严重的地区。

因此，需要加强土地平整，增加土壤涵水能力；修筑梯田，加固堤堰，防止冲刷；增施有机肥，扩种绿肥，培肥地力；调整农作物布局，发展旱作农业。在地力瘠薄、质量等级低的区域重点推广客土、秸秆还田、增施有机肥、绿肥种植等技术；在新增补充耕地区域，重点推广绿肥种植、高强度施用有机肥和培肥基质等技术；在有效土层厚度和耕作层浅的区域，重点推广深耕深松、打破犁底层等保护性耕作技术；在蔬菜、果园等经济园艺作物上，重点推广秸秆覆盖、有机肥施用和绿肥套种等技术。

（二）平原区

平原区中低产田土壤主要类型潮土、新积土和风砂土等，主要形成于河漫滩和故河道上，成土时间短暂、土壤养分含量低、土壤团粒结构较少、漏水漏肥、不利于作物生长发育。

平原区需要改造的中低产田土壤质地以砂土、黏土为主。对于砂质土，需要平整土地、增施有机肥，客土改造、改善土壤结构，增加土壤养分，加大测土配方施肥力度，补充土壤中的养分供应，实现土壤的养分平衡。适宜轮作，通过合理的作物轮作，达到调整土壤的养分供应力，实现作物高产。因地制宜，宜农则农，宜林则林。对于砂层浅而薄的土地，需要深翻来改善土壤耕性。化肥要分次施用，遵循"少量多次"的原则。砂质土的昼夜温差大，有利于作物体内碳水化合物的累积，能提高薯类及其他块茎作物的产量，所以适合栽培甘薯、马铃薯等作物。对于黏土的改良要客土掺沙，增加土壤有机质，秸秆还田，增施沙性有机肥，科学用水，加强耕作技术管理。对于耕层含砂量太高的土壤采取四泥六砂的土质比例进行改造，在耕层掺加好土进行合理改造。对于土体下部含砂太高的漏肥漏水耕地改造，采取对土壤下部进行砂土替换，用好土替换下部的砂土，替换厚度一般在50 cm为宜，从而提高土壤的保肥保水能力，提高土壤的生产能力。

（三）洼淀区

洼淀区总体耕地质量较好，但也存在部分的中低产田。洼淀区中低产田土壤类型主要为沼泽土、砂姜黑土、水稻土、盐土。沼泽土由于地下水埋深很浅或地表长期积水，土壤物质处于氧化还原状态过程中形成的土壤。水稻土则是由于人类长期种植水稻，进行周期性的耕作、灌排、人为控制土壤中物质的氧化还原过程，成为区别于其他旱作土壤的人为土壤类型。盐土是以水文和地形为主导的成土因素作用下形成的土壤类型。其分布规律是在地下水位较高，且矿化度较高，地形为洼地中微凸起的部位上。由于地下水径流不畅，其含有的可溶盐随土壤毛管水聚积地表而形成。

因此，对这类土壤类型需要以解决土壤盐碱化、养分非均衡化、耕作层浅等突出问题为导向，改善排水条件，筑圩深沟高田，结合推广暗管技术降渍，局部滞洪区发展水产养殖；干旱灌溉型和坡地梯改型低产土壤改造的主要措施是加强农田水利设施建设，改善灌溉条件，发展节水型农业。因地制宜确定高效适用技术模式，对主要障碍因子进行定向改良，综合施策，建设耕地质量提升综合示范区，着力提升耕地内在质量。

二、对策与建议

（一）提高耕地保护意识

从农业可持续发展战略和人类生存与发展的高度出发，让社会各界认清耕地资源的严峻形势，树立耕地资源忧患和保护意识，坚持耕地数量、质量、生态"三位一体"原则，通过电视、报纸、互联网等新闻媒介和公益广告等多种途径，让社会各界充分认识耕地保护的必要性和重要性，切实改变重视经济发展、轻耕地保护的片面认识，形成保护耕地的良好社会氛围。

（二）加强耕地质量提升示范区建设

根据实际需要，科学确定示范区建设过程中应用的绿肥良种、根瘤菌剂、商品有机肥、生物有机肥、有机无机复混肥、秸秆腐熟剂、土壤调理剂、水溶性肥料、培肥基质等物化产品。在示范区内建立改土培肥效果跟踪监测点，设立示范对比田，取样测试土壤有机质、容重、耕作层厚度、pH 值、土壤速效养分等土壤理化性状，跟踪监测并评价项目实施前后培肥改土效果。

普及测土配方施肥技术。坚持"增产、经济、环保"科学施肥理念，以测土配方施肥技术普及行动和示范县创建为抓手，加快测土配方施肥成果转化，不断提升科学施肥水平，努力提高化肥利用效率。

（三）加快高标准农田建设步伐

建设高标准农田，必须针对不同的低产因子，加快中低田改造步伐，搞好土地平整、农田排灌设施及相应沟渠路桥涵闸站建设，强化地力培肥和控污修复，提高农田抵御自然灾害的能力和耕地综合产出的能力，继续提高高标准农田比重和耕地质量等级，确保粮食安全。

主要技术途径如下：加快盐碱型土壤改良；加强土壤培肥，实行合理轮作，发展绿肥生产，增加有机肥源，实行富余秸秆翻压、高留桩、覆盖直接还田，禁止焚烧秸秆，确保富余秸秆全部还田，实行工厂化快速高效无害化处理禽畜粪等有机物料，发展商品有机肥生产与应用，提高禽畜粪等有机物料利用率；加大障碍层次型土壤改造力度；改善农田灌排条件，加强农田水利设施建设，改善灌溉条件，发展节水型农业。

（四）加大耕地质量提升投入力度

强化农业先进技术推广，提高耕地土壤肥力。推行秸秆还田技术、增施有机肥、轮作、种植绿肥、施用土壤调理剂、施用微生物有机肥等技术，改良土壤结构，提升土壤水肥气热的协调能力，培肥土壤肥力。进一步扩大平衡施肥推广面积，提高肥料利用率，减少养分流失。调整种植业结构，因地制宜发展生产，维护土壤生态平衡，提高耕地的产出效益。

（五）建立耕地质量监测网络体系

耕地质量监测系统可以监测、预测耕地变化趋势，是充分利用有限耕地资源的重要途径，是保证耕地质量安全的重要措施。建设智慧农业指挥中心，开发耕地保护大数据平台，将物联网技术运用到土地保护实践中，实现农业生产环境的智能感知、智能预警、智能决策、智能分析、专家在线指导，为农业生产提供灾变预警、远程诊断、可视化管理、智能化决策等。实现"互联网+物联网+农业科技体系"的结合，可以了解和把握土壤肥力动态、土壤环境质量，从而合理利用土壤、肥料和水资源[22]。建立有效的省、市、县联网耕地质量监测系统，加大耕地质量监测力度，有助于了解耕地质量现状、预测变化趋势、指导科学管理、指导修复中低产田，从而为实现耕地质量有效提升创造条件。这是提高农业生产长期综合效益的重要措施，有利于提升土壤肥力、防止水土流失，进而实现耕地合理持续利用。

参考文献

[1] 丁鼎治. 河北土种志 [M]. 石家庄：河北科技出版社，1992.

[2] 鲍士旦. 土壤农化分析 [M]. 北京：中国农业出版社，2000.

[3] 朱永磊. 河北主要土壤肥力质量时空变异及评价研究 [D]. 保定：河北农业大学，2014.

[4] 张福锁. 测土配方施肥技术要览 [M]. 北京：中国农业大学出版社，2006.

[5] 河北省土壤普查办公室. 保定市第二次土壤普查成果资料 [R]. 1984.

[6] 黄昌勇. 土壤学 [M]. 北京：中国农业出版社，2000.

[7] 贾文竹，秦双月，冯洪恩，等. 耕地地力调查与质量评价技术 [M]. 北京：中国农业出版社，2004.

[8] 陆景陵. 植物营养学 [M]. 北京：中国农业大学出版社，2003.

[9] 吕英华. 测土与施肥 [M]. 北京：中国农业出版社，2002.

[10] 保定市地方志编纂委员会. 保定市志 [M]. 北京：中国建材工业出版社，1997.

[11] 全国农业技术推广服务中心，中国农科院农业资源与区划所. 耕地质量演变趋势研究 [M]. 北京：中国农业科技出版社，2008.

[12] 杨廷顺. 保定农业拾遗 [M]. 北京：中国农业科学技术出版社，2006.

[13] 全国农技推广中心. 耕地地力调查与质量评价 [M]. 北京：中国农业出版社，2018.

[14] 李国英. 保定农业三十年 [M]. 北京：中央文献出版社，2010.

[15] 保定市统计局. 2017 年保定市经济统计年鉴 [M]. 北京：中国统计出版社，2017.

[16] 张玉栋，韩敬娜，刘彦林. 保定市第一次水利普查成果应用的几点思考 [J]. 河北水利，2013(9)：27.

[17] 杨丽娜. 满城区农田水利工程建设的成效及做法 [J]. 统计与管理，2015(12)：77-78.

[18] 许月卿，李秀彬. 河北省耕地数量减少原因及对策研究 [J]. 自然资源学

报，2002，17（1）：123-128.

[19] 林鹏生. 我国中低产田分布及增产潜力研究 ［D］. 北京：中国农业科学院，2008.

[20] 张燕. 我国中低产田改造现状及对策建议（基于保障我国粮食安全的研究）［D］. 成都：西南财经大学，2009.

[21] 倪国政，秦保革，陈军强，等. 保定市水利普查工作综述 ［J］. 河北水利，2013（9）：4-8.

[22] 闫严，周丽娜，常雪羽，等. 保定不同土地利用类型土壤性状的灰色综合评估 ［J］. 天津师范大学学报（自然科学版），2018，38（2）：68-72.